住房和城乡建设部"十四五"规划教材

高等职业教育建设工程管理类专业"十四五"数字化新形态教材

建设工程安全管理

黄春蕾　主　编

吕念南　张　巍　副主编

胡六星　主　审

中国建筑工业出版社

图书在版编目(CIP)数据

建设工程安全管理 / 黄春蕾主编；吕念南，张巍副主编. -- 北京：中国建筑工业出版社，2024.6.

(住房和城乡建设部"十四五"规划教材)(高等职业教育建设工程管理类专业"十四五"数字化新形态教材).

ISBN 978-7-112-29944-7

Ⅰ. TU714

中国国家版本馆 CIP 数据核字第 2024WF3212 号

本教材是职业教育住房和城乡建设部"十四五"规划教材。教材包含 10 个项目，主要内容为建设工程安全管理概述、脚手架安全技术管理、高处作业安全防护管理、施工用电安全管理、建筑机械使用安全管理与技术、安全资料管理、安全事故管理、安全急救管理、新型建造技术施工安全管理以及文明施工与绿色施工。为便于学生学习，每个项目均设置了学习目标和案例引入，正文后有相关案例分析、思考题和学习鉴定。

本教材突出职业教育特点，按照国家制定的课程标准，依据国家在安全领域的现行法律法规、新的安全技术规范和规程进行编写，由校企"双元"合作开发完成。编写围绕建设安全管理的内容设计岗位，分析岗位工作任务，以工作任务为载体编写教材，符合职业教育教学规律和人才培养规律，突出培养学生职业能力、创新创业能力和职业素养。

本教材可作为建设工程管理、建筑工程技术、市政工程技术等专业的课程教材书，也可作为相关专业和从事工程建设的技术人员的参考用书。

为更好地支持相应课程的教学，我们向采用本书作为教材的教师提供教学课件，有需要者可与出版社联系，邮箱：jckj@cabp.com.cn，电话(010)58337285，建工书院 http://edu.cabplink.com(PC 端)。专业教学 QQ 交流群：745126886。

* * *

责任编辑：张　玮　吴越恺

责任校对：芦欣甜

住房和城乡建设部"十四五"规划教材

高等职业教育建设工程管理类专业"十四五"数字化新形态教材

建设工程安全管理

黄春蕾　主　编

吕念南　张　巍　副主编

胡六星　主　审

*

中国建筑工业出版社出版、发行(北京海淀三里河路 9 号)

各地新华书店、建筑书店经销

北京红光制版公司制版

北京市密东印刷有限公司印刷

*

开本：787 毫米×1092 毫米　1/16　印张：13　字数：320 千字

2024 年 6 月第一版　　2024 年 6 月第一次印刷

定价：**38.00** 元(赠教师课件)

ISBN 978-7-112-29944-7

(42723)

出 版 说 明

党和国家高度重视教材建设。2016 年，中办国办印发了《关于加强和改进新形势下大中小学教材建设的意见》，提出要健全国家教材制度。2019 年 12 月，教育部牵头制定了《普通高等学校教材管理办法》和《职业院校教材管理办法》，旨在全面加强党的领导，切实提高教材建设的科学化水平，打造精品教材。住房和城乡建设部历来重视土建类学科专业教材建设，从"九五"开始组织部级规划教材立项工作，经过近 30 年的不断建设，规划教材提升了住房和城乡建设行业教材质量和认可度，出版了一系列精品教材，有效促进了行业部门引导专业教育，推动了行业高质量发展。

为进一步加强高等教育、职业教育住房和城乡建设领域学科专业教材建设工作，提高住房和城乡建设行业人才培养质量，2020 年 12 月，住房和城乡建设部办公厅印发《关于申报高等教育职业教育住房和城乡建设领域学科专业"十四五"规划教材的通知》（建办人函〔2020〕656 号），开展了住房和城乡建设部"十四五"规划教材选题的申报工作。经过专家评审和部人事司审核，512 项选题列入住房和城乡建设领域学科专业"十四五"规划教材（简称规划教材）。2021 年 9 月，住房和城乡建设部印发了《高等教育职业教育住房和城乡建设领域学科专业"十四五"规划教材选题的通知》（建人函〔2021〕36 号）。为做好"十四五"规划教材的编写、审核、出版等工作，《通知》要求：（1）规划教材的编著者应依据《住房和城乡建设领域学科专业"十四五"规划教材申请书》（简称《申请书》）中的立项目标、申报依据、工作安排及进度，按时编写出高质量的教材；（2）规划教材编著者所在单位应履行《申请书》中的学校保证计划实施的主要条件，支持编著者按计划完成书稿编写工作；（3）高等学校土建类专业课程教材与教学资源专家委员会、全国住房和城乡建设职业教育教学指导委员会、住房和城乡建设部中等职业教育专业指导委员会应做好规划教材的指导、协调和审稿等工作，保证编写质量；（4）规划教材出版单位应积极配合，做好编辑、出版、发行等工作；（5）规划教材封面和书脊应标注"住房和城乡建设部'十四五'规划教材"字样和统一标识；（6）规划教材应在"十四五"期间完成出版，逾期不能完成的，不再作为《住房和城乡建设领域学科专业"十四五"规划教材》。

住房和城乡建设领域学科专业"十四五"规划教材的特点，一是重点以修订教育部、住房和城乡建设部"十二五""十三五"规划教材为主；二是严格按照专业标准规范要求编写，体现新发展理念；三是系列教材具有明显特点，满足不同层次和类型的学校专业教学要求；四是配备了数字资源，适应现代化教学的要求。规划教材的出版凝聚了作者、主

3

审及编辑的心血，得到了有关院校、出版单位的大力支持，教材建设管理过程有严格保障。希望广大院校及各专业师生在选用、使用过程中，对规划教材的编写、出版质量进行反馈，以促进规划教材建设质量不断提高。

住房和城乡建设部"十四五"规划教材办公室

2021 年 11 月

前　　言

本教材是全国住房和城乡建设职业教育教学指导委员会建设工程管理类专业指导委员会规划推荐教材，并于2021年9月荣获职业教育住房和城乡建设部"十四五"规划教材。本教材坚持"生命至上，安全第一"的建设工程安全管理原则，紧扣国家最新教学标准，对接新的职业标准和新的产业需求，反映新知识、新技术、新工艺和新方法，凸显"工学结合、专创融合"教学理念。将理论知识与工程实例相结合，展示建设工程安全管理的真实环境与过程，图文并茂，思路严谨，架构清晰，深入浅出地阐述了建筑行业最常发生的安全事故防范内容和方法。教材包含10个项目，主要内容为建设工程安全管理概述、脚手架安全技术管理、高处作业安全防护管理、施工用电安全管理、建筑机械使用安全管理与技术、安全资料管理、安全事故管理、安全急救管理、新型建造技术施工安全管理以及文明施工与绿色施工。

本教材将思政内容贯穿其中，引导学生坚定理想信念、厚植爱国主义情怀、加强品德修养、培养吃苦耐劳的精神，弘扬劳动光荣、技能宝贵、创造伟大的时代风尚。教材融入了"诚信、敬业"社会主义核心价值观、实事求是、不弄虚作假、精益求精和职业道德规范要求的内容。

本教材配套的课程资源丰富，包括微课、电子教案、教学课件、教学大纲、整体教学设计、教学视频、实景视频、习题详解、题库、模拟试卷等数字化教学资源。

本教材突出职业教育特点，按照国家制定的课程标准，由校企"双元"合作开发完成。编写团队深入企业一线调研，围绕安全管理的内容提出岗位需要，分析岗位工作任务，基于工作过程开发学习情境、设计任务单元，以工作任务为载体编写教材，符合职业教育教学规律和人才培养规律。强化工程应用，精选教学内容，突出培养学生职业能力、创新创业能力和职业素养。

本教材由重庆建筑工程职业学院黄春蕾教授任主编（编写项目1、2、3、9）并统稿，重庆建筑工程职业学院吕念南（编写项目10）、西安三好软件股份有限公司张巍（教材数字资源建设）任副主编；参编人员有：重庆建筑工程职业学院丁王飞（编写项目4）、蒋云峰（编写项目5）、阳江、廖丽（编写项目6）、张玲（编写项目7）、黄利萍（编写项目8）。湖南城建职业技术学院胡六星教授任本教材主审。

特别感谢重庆市南岸区建设工程施工安全质量服务中心夏阳对本教材编写工作提供的指导和帮助。

由于编者水平有限，教材中错漏和不足之处在所难免，请广大同仁和读者批评指正，以便教材在修订时更加完善。

目　　录

项目 1　建设工程安全管理概述

 **学习目标**

　　了解建设工程安全管理的基本概念和主要特点，熟悉建设工程安全管理基本要求、制度和主体责任；掌握从业人员安全生产的权利和义务，明确安全技术措施、专项施工方案及安全技术交底的具体要求，熟悉危险性较大的分部分项工程安全管理的主要内容。

 **案例引入**

　　2021年5月30日，某在建文化长廊垮塌，该事故造成3人死亡，3人重伤，1人轻伤。事故原因为设计单位未按要求注明危险性较大工程重点部位，施工单位未按照规范要求搭设模板架体和编制高支模专项施工方案，采取了错误的浇筑方法，导致文化长廊在浇筑屋面混凝土时坍塌。

任务 1.1　建设工程安全管理绪论

　　安全生产是关系人民群众生命财产安全的大事，是经济社会协调健康发展的标志，是党和政府对人民利益高度负责的要求。党中央、国务院历来高度重视安全生产工作，党的十八大以来做出一系列重大决策部署，推动全国安全生产工作取得积极进展。确保人民群众生命安全和身体健康，是我们党治国理政的一项重大任务。

安全与安全生产

　　1. 建设工程安全管理基本概念

　　（1）安全生产管理

　　安全生产是指在生产经营活动中，为避免造成人员伤害和财产损失而采取相应的预防和控制措施。所谓安全生产管理，是指对安全生产工作进行的管理和控制，即对生产中的人、物、环境因素状态的管理，有效地控制人的不安全行为和物的不安全状态，防止和减少生产安全事故。

　　（2）建设工程安全管理

　　建设工程安全管理是为工程项目实现安全生产开展的各项管理活动的总和，它是一个系统性、综合性的管理，其管理内容涉及建设生产的各个环节。建设工程安全生产管理应当以人为本，坚持人民至上、生命至上，树牢安全发展理念，坚持安全第一、预防为主、综合治理的方针。通过制定安全规章制度、方案和措施，完善安全生产组织管理体系和检查体系，不断提升安全管理水平。

　　（3）建设施工安全技术

　　建设施工安全技术是指消除或控制建设施工过程中已知或潜在危险因素的工艺和方

法。它是研究建设工程施工中可能存在的各种事故因素及其产生、发展，采取相应的技术和管理措施，及时消除其存在或有效抑制、阻止其孕育和发展，并采取保险和保护措施，以避免伤害事故发生的技术。为了保证施工安全，消除或控制建设施工过程中已知或潜在危险因素及其危害，由企业建立的安全技术管理组织机构及相应的管理制度称为建筑施工安全技术保证体系。

（4）安全生产管理制度

安全生产管理制度是指为了保障安全生产而制定的系列条文，其目的是控制风险，将危害降到最小。施工企业安全生产管理制度包括安全生产责任制、安全教育培训、安全费用管理办法、安全生产检查制度、建设工人操作规程、安全生产奖惩办法、安全生产问责办法、生产安全事故报告及处理办法、劳动防护用品管理办法、生产安全事故应急救援预案、事故隐患日周月排查治理制度、风险分级管控与隐患排查治理等制度。

2. 建设工程安全管理主要特点

（1）建设安全生产的多样性

建设产品的多样性决定了建筑安全生产问题的多样性，并且不断变化。建筑结构是多样的，有混凝土结构、钢结构、木结构等；建筑规模是多样的，从数百平方米到百万平方米不等；建筑功能、建造工艺甚至是承载建筑的地质条件也是多样的，因此没有完全相同的建筑产品。建造不同的建筑产品，对从业人员、建筑材料、机械设备、防护用品、施工技术等都有不同要求，且施工现场的环境也千差万别，使得建设过程不断地面临新的安全问题。

（2）施工场所和工作的动态性

建设工程的流水施工，使得施工班组需要经常更换工作环境。混凝土浇筑、钢结构焊接、土石方开挖及外运、建筑垃圾处置等不同工序都可使施工现场发生巨大改变。随着工程进度的推进，施工现场会从最初位于地下的基坑变化为地面上百米高的楼层上。因此，建设过程中的周边环境、作业条件、施工技术等都在不断发生变化，其中隐含着较高的安全管理风险。

（3）施工现场的复杂性

建设施工现场的噪声、有害气体、扬尘和露天作业等，是作业人员需面对的复杂、不利的工作环境。建筑产品多为高耸庞大、场地固定的大体量产品，施工生产主要在露天条件下进行，导致施工现场存在很多事故隐患，增大建筑工程施工现场安全生产管理难度。同时，施工现场安全生产直接受到气候环境的制约，冬期、雨期、台风、高温等恶劣天气条件对安全生产带来很大威胁，造成诸多安全难题。建筑产品所处的地理、地质、水文及现场内外水、电、道路等环境条件也会影响施工现场的安全生产。

（4）多建设主体导致安全管理难度高

多个建设主体的存在及其关系的复杂性使得安全管理的难度较高。工程建设责任主体有建设、勘察、设计、监理及施工单位等。施工现场安全由施工单位负责，实行施工总承包的由总承包单位负责，分包单位向总承包单位负责，且服从总承包单位对施工现场的安全生产管理。建筑安全虽然是由施工单位负主要责任，但其他责任主体也是影响建筑安全生产管理的重要因素。

（5）施工作业存在非标准化

施工作业的非标准化导致施工现场危险因素增多，且施工过程存在劳动密集、作业工人职业素养和技能水平参差不齐等特点，导致建筑施工现场安全管理难度增大。

3. 安全生产方针

安全生产方针是指政府对安全生产工作总的要求，它是安全生产工作的方向。《中华人民共和国安全生产法》（以下简称《安全生产法》）明确我国安全生产基本方针为"安全第一、预防为主、综合治理"。回顾我国对安全生产工作的要求，安全生产方针的几次变化，每一次变化，都体现出对安全生产管理理解的深入和完善，体现出党和政府对人民群众生命财产安全的高度重视与负责。

建筑施工安全管理的基本要求

坚持安全第一，是指安全与生产、效益及其他活动的关系，强调在从事生产经营活动中要抓好安全，始终不忘把安全工作与其他经济活动同时安排、同时部署，当安全工作与其他活动发生冲突与矛盾时，其他活动要服从安全，绝不能以牺牲人的生命、健康、财产损失为代价换取发展和效益。

预防为主，是对安全第一思想的深化，其含义是：立足基层，建立起预教、预测、预报、预警等预防体系，以隐患排查治理和建设本质安全为目标，实现事故的预先防范体制。生产活动中既有人的不安全行为，也有物的不安全状态和管理上的缺陷，只有设法预先加以消除，才能最大限度地实现安全生产，而预防事故发生是安全工作的根基所在。

综合治理，是按我国安全生产形势的要求，自觉遵循安全生产规律，正视安全生产工作的长期性、艰巨性和复杂性，抓安全生产工作中的主要矛盾和关键环节，综合运用经济手段、法律手段和必要的行政手段，人管、法治、技防等多管齐下，并充分发挥社会、职工、舆论的监督作用，从责任、制度、培训等多方面着力，有效解决安全生产领域的各类问题，形成标本兼治、齐抓共管的格局。

任务 1.2　建设工程安全管理基本制度

贯彻"安全第一、预防为主、综合治理"的方针，实现建设施工的安全生产，其基本点在于建立健全并落实安全生产管理制度。

1. 安全生产责任制度

安全生产责任制度是根据我国的安全生产方针和安全生产法规建立的各级领导、职能部门、工程技术人员、岗位操作人员在劳动生产过程中对安全生产层层负责的制度；它是企业岗位责任制的一个组成部分，是企业最基本的一项安全制度，也是企业安全生产、劳动保护管理制度的核心内容。

安全法律法规

建设施工企业安全生产责任制主要包括：施工企业主要负责人的安全责任，项目负责人（项目经理）的安全责任，专职安全生产管理人员的安全责任等。

安全生产责任制

（1）企业主要负责人的安全责任

1）建立健全并落实本单位全员安全生产责任制，加强安全生产标准化建设；

2）组织制定并实施本单位安全生产教育和培训计划；

3）保证本单位安全生产投入的有效实施；

4）组织建立并落实安全风险分级管控和隐患排查治理双重预防工作机制，督促、检查本单位的安全生产工作，及时消除生产安全事故隐患；

5）组织制定并实施本单位的生产安全事故应急救援预案；

6）及时、如实报告生产安全事故。

（2）项目负责人的安全责任

1）对本项目安全生产管理全面负责，建立项目安全生产管理体系，明确项目管理人员安全职责，落实安全生产管理制度，确保项目安全生产费用有效使用。

2）应按规定实施项目安全生产管理，监控危险性较大的分部分项工程，及时排查处理施工现场安全事故隐患，隐患排查处理情况应当记入项目安全管理档案；发生事故时，应当按规定及时报告并开展现场救援。

3）工程项目实行总承包的，总承包企业项目负责人应当定期考核分包单位安全生产管理情况。

（3）专职安全生产管理人员的安全责任

1）组织或者参与拟订本单位安全生产规章制度、操作规程和生产安全事故应急救援预案；

2）组织或者参与本单位安全生产教育和培训，如实记录安全生产教育和培训情况；

3）组织开展危险源辨识和评估，督促落实本单位重大危险源的安全管理措施；

4）组织或参与本单位应急救援演练；

5）检查本单位的安全生产状况，及时排查生产安全事故隐患，提出改进安全生产管理的建议；

6）制止和纠正违章指挥、强令冒险作业、违反操作规程的行为；

7）督促落实本单位安全生产整改措施。

安全教育的类别

2. 安全生产教育和培训制度

按照《安全生产法》要求，从业人员应当接受安全生产教育和培训，掌握本职工作所需的安全生产知识，提高安全生产技能，增强事故预防和应急处理能力。安全生产教育和培训应符合《安全生产培训管理办法》及《生产经营单位安全培训规定》相关规定，如图1-1所示。

(a)

(b)

(c)

图1-1 职工安全教育和培训

（a）入场安全教育；（b）接受教育和培训后履行签字手续；（c）班前安全教育

（1）安全教育和培训主要内容

1）主要负责人安全培训的内容：国家安全生产方针、政策和有关安全生产的法律、法规、规章及标准；安全生产管理基本知识、安全生产技术、安全生产专业知识；重大危险源管理、重大事故防范、应急管理和救援组织以及事故调查处理的有关规定；职业危害及其预防措施；国内外先进的安全生产管理经验；典型事故和应急救援案例分析及其他需要培训的内容。

2）安全生产管理人员安全培训的内容：国家安全生产方针、政策和有关安全生产的法律、法规、规章及标准；安全生产管理、安全生产技术、职业卫生等知识；伤亡事故统计、报告及职业危害的调查处理方法；应急管理、应急预案编制以及应急处置的内容和要求；国内外先进的安全生产管理经验；典型事故和应急救援案例分析及其他需要培训的内容。

3）班组级岗前安全培训内容应当包括：岗位安全操作规程；岗位之间工作衔接配合的安全与职业卫生事项；事故案例及其他需要培训的内容，如图 1-2 所示。

图 1-2 职工入场前的安全教育培训

（2）安全教育和培训的组织实施

1）生产经营单位从业人员的安全培训工作，由生产经营单位组织实施，生产经营单位的主要负责人负责组织制定并实施本单位安全培训计划。生产经营单位应当坚持以考促学、以讲促学，确保全体从业人员熟练掌握岗位安全生产知识和技能。

2）生产经营单位应当建立安全培训管理制度，保障从业人员安全培训所需经费，对从业人员进行与其所从事岗位相应的安全教育培训；从业人员调整工作岗位或者采用新工艺、新技术、新设备、新材料的，应当对其进行专门的安全教育和培训；未经安全教育和培训合格的从业人员，不得上岗作业。

3. 群防群治制度

做好安全生产确保工程项目的顺利进行，尽可能减少安全事故发生，需要大家共同努力、共同预防、共同管理。坚持安全生产人人有责，建立安全生产群防群治制度。

（1）每位职工在接受上级有关部门和项目部安全员监管的同时，自己也须参与安全生产防范工作，为安全生产献计献策，关心施工现场的作业环境，如发现隐患及时报告。

（2）组织施工人员交流经验，取长补短，推动安全生产工作顺利开展。广泛发动施工人员查隐患、揭险情、订措施、堵漏洞，贯彻预防为主的方针。

（3）每位施工人员在生产过程中要参与安全生产工作，发现安全隐患及时报告并积极配合他人做好安全隐患排查工作。

（4）工程施工过程中树立"安全生产人人有责"理念，时刻绷紧安全生产的弦，不能只顾工作，忽视施工环境、设施和设备等的安全状况。

（5）项目部各班组每日上班前要进行安全交底、安全检查。每周进行事故隐患分析和讲评安全状况。定期开展无安全事故竞赛活动，群策群力，找事故苗子，查事故隐患，积极采取措施保证安全生产。

安全检查的内容

（6）发现在施工过程中有违章指挥，强令职工冒险作业，或者在生产过程中发现明显的重大事故隐患和职业危害，施工人员有权向有关部门提出停工解决的建议。

（7）积极组织群众开展安全技能和操作规程的培训，严格执行安全生产规章制度。对安全生产献计献策的人员要进行奖励，对不遵守安全生产纪律、违章作业者进行批评教育，形成群防群治的良好环境。

4. 安全生产检查制度

为了科学地评价建设施工安全生产情况，提高安全生产工作的管理水平。预防伤亡事故的发生，明确安全防护重点部位和危险岗位，实现安全检查的标准化、规范化，必须建立安全生产检查制度。

（1）安全检查的目的

1）通过安全检查，发现问题，查出隐患，采取有效措施，堵塞漏洞，把事故消灭在萌芽状态，坚持"安全第一，预防为主"的方针。

2）通过安全检查，互相学习，取长补短，交流经验，共同提高。

3）通过安全检查，给忽视安全生产的思想敲起警钟，及时纠正违章指挥、违章作业的冒险行为。

（2）安全检查的内容

安全检查的内容应当全面，主要包括查思想、查制度、查机械设备、查安全设施、查安全隐患、查安全教育培训、查违章操作行为、查劳保用品的使用、查伤亡事故处理等。

（3）安全检查的形式

1）主管部门（包括党中央、国务院、各部委、省市级建设行政主管部门）对下属单位进行的安全检查，这类检查重点针对本部门本行业的特点、共性和主要问题；

2）建筑企业自身安全检查，这类检查方式主要有经常性、定期性、突击性、专业性及季节性检查。

（4）安全检查的方法

1）"听"主要是听汇报，介绍现场安全工作经验、存在的问题及采取的措施。

2）"看"主要查看安全管理资料、安全设施、持证上岗、安全标志、"三宝"使用情况、设备防护装置、各类高处作业防护、施工用电等情况。

安全检查的评分办法

3）"量"主要是用器具实测实量，检查是否达到相关要求。

4）"测"主要是用仪器、仪表实地进行安全性能测量。

5）"现场操作"即由操作人员现场操作，检查操作规程的执行、安全装置的运行等情况。

6）"分析、评估"是通过以上检查，进行分析、计算，给出安全检查的评估结果。

5. 伤亡事故处理报告制度

（1）伤亡事故的分类

根据《生产安全事故报告和调查处理条例》，事故分类为：

特别重大事故：造成 30 人以上死亡，或者 100 人以上重伤（包括急性工业中毒，下同），或者 1 亿元以上直接经济损失事故；

重大事故：造成 10 人以上 30 人以下死亡，或者 50 人以上 100 人以下重伤，或者 5000 万元以上 1 亿元以下直接经济损失的事故；

较大事故：造成 3 人以上 10 人以下死亡，或者 10 人以上 50 人以下重伤，或者 1000 万元以上 5000 万元以下直接经济损失的事故；

一般事故：3 人以下死亡，或者 10 人以下重伤，或者 1000 万元以下直接经济损失的事故。

（2）伤亡事故的处理程序

1）事故发生后，事故现场有关人员应当立即向本单位负责人报告；单位负责人接到报告后，应当于 1 小时内向事故发生地县级以上安监局报告；发生交通事故应立即报告交警部门；发生火灾事故应立即报告消防部门。

2）事故发生单位负责人接到事故报告后，应当立即启动相应事故应急预案，或者采取有效措施，组织抢救，防止事故扩大，减少人员伤亡和财产损失。

3）事故发生后，有关单位和人员应当妥善保护事故现场以及相关证据，任何单位和个人不得破坏事故现场、毁灭相关证据。因抢救人员、防止事故扩大以及疏通交通等原因，需要移动事故现场物件的，应当做出标志，绘制现场简图并做出书面记录，妥善保存现场重要痕迹、物证。

（3）事故报告的内容

1）事故发生的单位、时间、地点及事故现场情况；

2）事故的简要经过、伤亡人数（包括下落不明人数）和直接经济损失的初步估计；

3）事故发生原因的初步判断；

4）事故发生后采取的措施及事故控制情况；

5）事故报告单位及主要负责人、联系人、联系电话。

（4）事故报告和处理的要求

1）事故报告应当及时、准确、完整，任何单位和个人对事故不得迟报、漏报、谎报或者瞒报。

2）公司负责人和有关人员应配合人民政府成立或委托的事故调查组进行事故调查，不得擅离职守，应当随时接受事故调查组的询问，如实提供有关情况。

3）发生事故后应当认真吸取事故教训，落实防范和整改措施，防止事故再次发生，并按照负责事故调查的人民政府的批复，对本单位负有事故责任的人员进行处理。

4）事故处理应坚持"四不放过"原则，即事故原因分析不清楚不放过、员工和事故责任人没受到教育不放过、事故隐患没整改不放过、事故责任人没受到处理不放过。

6. 安全责任追究制度

生产活动中发生安全事故的原因多种多样，但大多数情况都是因为违反安全生产的法律、法规、标准和有关技术规程、规范等人为因素造成的。如施工作业场所不符合安全生产的规定；设施、设备、工具、器材不符合安全标准，存在缺陷；未按规定配备安全防护用品；未对职工进行安全教育培训，职工缺乏安全生产知识；劳动组织不合理；管理人员违章指挥；职工违章冒险作业等。鉴于生产安全事故对人民群众的生命、财产造成严重的损害，对人为原因造成的责任事故，必须依法追究相关单位和人员的法律责任，以示警诫和教育。为此必须建立安全责任追究制度。

（1）追究的对象包括建设单位、设计单位、施工单位、监理单位。

（2）处理方式

1）情节严重的，责令停业、降低资质或吊销资质证书；

2）构成犯罪的，追究刑事责任。

任务 1.3 建设工程安全管理主体责任

1. 建设单位安全管理责任

（1）建设单位应当向施工单位提供施工现场及毗邻区域内供水、排水、供电、供气、供热、通信、广播电视等地下管线资料，气象和水文观测资料，相邻建筑物和构筑物、地下工程的有关资料，并保证资料的真实、准确、完整。

（2）因建设工程需要，建设单位向有关部门或者单位查询前款规定的资料时，有关部门或单位应当及时提供。

（3）建设单位不得对勘察、设计、施工、工程监理等单位提出不符合建设工程安全生产法律、法规和强制性标准规定的要求，不得压缩合同约定的工期。

（4）建设单位在编制工程概算时，应当确定建设工程安全作业环境及安全施工措施所需费用。

（5）建设单位不得明示或者暗示施工单位购买、租赁、使用不符合安全施工要求的安全防护用具、机械设备、施工机具及配件、消防设施和器材。

（6）建设单位在申请领取施工许可证时，应当提供建设工程有关安全施工措施的资料。

（7）依法批准开工报告的建设工程，建设单位应当自开工报告批准之日起 15 日内，将保证安全施工的措施报送建设工程所在地的县级以上地方人民政府建设行政主管部门或者其他有关部门备案。

（8）建设单位应当将拆除工程发包给具有相应资质等级的施工单位。在拆除工程施工 15 日前，将施工单位资质等级证明，拟拆除建筑物、构筑物及可能危及毗邻建筑的说明，拆除施工组织方案，堆放、清除废弃物的措施等资料报送建设工程所在地的县级以上地方人民政府建设行政主管部门或者其他有关部门备案。实施爆破作业的，应当遵守国家有关民用爆炸物品管理的规定。

2. 勘察、设计、工程监理及其他有关单位安全管理责任

（1）勘察单位

1）应当按照法律、法规和工程建设强制性标准进行勘察，提供的勘察文件应当真实、准确，满足建设工程安全生产的需要。

2）勘察单位在勘察作业时，应当严格执行操作规程，采取措施保证各类管线、设施和周边建筑物、构筑物的安全。

（2）设计单位

1）应按照法律、法规和工程建设强制性标准进行设计，防止因设计不合理导致生产安全事故的发生。

2）设计单位应考虑施工安全操作和防护的需要，对涉及施工安全的重点部位和环节在设计文件中注明，并对防范生产安全事故提出指导意见。

3）采用新结构、新材料、新工艺的建设工程和特殊结构的建设工程，设计单位应当在设计中提出保障施工作业人员安全和预防生产安全事故的措施建议。

4）设计单位和注册建筑师等注册执业人员应当对其设计负责。

（3）工程监理单位

1）工程监理单位应当审查施工组织设计中的安全技术措施或专项施工方案是否符合工程建设强制性标准。

2）工程监理单位在实施监理过程中，发现存在安全事故隐患的，应当要求施工单位整改；情况严重的，应要求施工单位暂时停止施工，并及时报告建设单位。施工单位拒不整改或者不停止施工的，工程监理单位应及时向有关主管部门报告。

3）工程监理单位和监理工程师应按照法律、法规和工程建设强制性标准实施监理，并对建设工程安全生产承担监理责任。

3. 施工单位安全管理责任

（1）施工单位从事建设工程的新建、扩建、改建和拆除等活动，应当具备国家规定的注册资本、专业技术人员、技术装备和安全生产等条件，依法取得相应等级的资质证书，并在其资质等级许可的范围内承揽工程。

（2）施工单位主要负责人依法对本单位的安全生产工作全面负责。施工单位应当建立健全安全生产责任制度和安全生产教育培训制度，制定安全生产规章制度和操作规程，保证本单位安全生产条件所需资金的投入，对所承担的建设工程进行定期和专项安全检查，并做好安全检查记录。

（3）施工单位对列入建设工程概算的安全作业环境及安全施工措施所需费用，应当用于施工安全防护用具及设施的采购和更新、安全施工措施的落实、安全生产条件的改善，不得挪作他用。

（4）施工单位应当设立安全生产管理机构，配备专职安全生产管理人员。专职安全生产管理人员负责对安全生产进行现场监督检查。发现安全事故隐患，应及时向项目负责人和安全生产管理机构报告；对违章指挥、违章操作的，应立即制止。

（5）狠抓关键岗位人员到岗履职。督促企业严格落实企业、项目负责人施工现场带班制度，按规定配备专职安全生产管理人员，执行"安全日志"制度。对发生事故或重大事故隐患未及时整改的，要倒查项目关键岗位人员 3 个月考勤信息，对长期脱离岗位、安全管理履职不力的，要督促有关企业依据合同约定及时调整，涉嫌违法的要依法处罚。

（6）建设工程实行施工总承包的，由总承包单位对施工现场的安全生产负总责。总承包单位应当自行完成建设工程主体结构的施工。总承包单位依法将建设工程分包给其他单位的，分包合同中应明确各自安全生产方面的权利、义务。总承包单位和分包单位对分包工程的安全生产承担连带责任。分包单位应当服从总承包单位的安全生产管理，分包单位不服从管理导致生产安全事故的，由分包单位承担主要责任。

（7）施工单位应在危大工程施工前组织工程技术人员编制专项施工方案。专项施工方案应由施工单位技术负责人审核签字、加盖单位公章，并由总监理工程师审查签字、加盖执业印章后方可实施。对于超过一定规模的危大工程，施工单位应组织召开专家论证会对专项施工方案进行论证。

（8）施工单位应在施工现场入口处、施工起重机械、临时用电设施、脚手架、出入通道口、楼梯口、电梯井口、孔洞口、桥梁口、隧道口、基坑边沿、爆破物及有害危险气体和液体存放处等危险部位，设置明显的安全警示标志。

（9）施工单位应根据不同施工阶段和周围环境及季节、气候的变化，在施工现场采取相应的安全施工措施。施工现场暂时停止施工的，施工单位应做好现场防护，所需费用由责任方承担，或者按照合同约定执行，如图1-3所示。

图 1-3　特殊天气时的安全注意事项

（10）施工单位应将施工现场的办公区、生活区与作业区分开设置，并保持安全距离；办公区、生活区的选址应符合安全性要求。职工的膳食、饮水、休息场所等应符合卫生标准。施工单位不得在尚未竣工的建筑物内设置员工集体宿舍，如图1-4所示。

图 1-4　职工食宿的安全要求

（11）施工现场临时搭建的建筑物应符合安全使用要求。施工现场使用的装配式活动房屋应具有产品合格证。施工单位对因建设工程施工可能造成损害的毗邻建筑物、构筑物和地下管线等，应采取专项防护措施。施工单位应遵守有关环境保护法律、法规的规定，在施工现场采取措施，防止或者减少粉尘、废气、废水、固体废物、噪声、振动和施工照明对人和环境的危害和污染。在城市市区内的建设工程，施工单位应当对施工现场实行封闭围挡。

（12）施工单位应在施工现场建立消防安全责任制度，确定消防安全责任人，制定用火、用电、使用易燃易爆材料等各项消防安全管理制度和操作规程，设置消防通道、消防水源，配备消防设施和灭火器材，并在施工现场入口处设置明显标志。

消防设施的安全
检查和评价

（13）施工单位采购、租赁的安全防护用具、机械设备、施工机具及配件，应具有生产（制造）许可证、产品合格证，并在进入施工现场前进行查验。施工现场的安全防护用具、机械设备、施工机具及配件必须由专人管理，定期进行检查、维修和保养，建立相应的资料档案，并按照国家有关规定及时报废。

（14）施工单位在使用施工起重机械和整体提升脚手架、模板等自升式架设设施前，应组织有关单位进行验收，也可委托具有相应资质的检验检测机构进行验收；使用承租的机械设备和施工机具及配件的，由施工总承包单位、分包单位、租赁单位和安装单位共同进行验收。《特种设备安全监察条例》规定的施工起重机械，在验收前应当经有相应资质的检验检测机构监督检验合格。

（15）施工单位应自施工起重机械和整体提升脚手架、模板等自升式架设设施验收合格之日起 30 日内，向建设行政主管部门或者其他有关部门登记。登记标志应当置于或者附着于该设备的显著位置。

（16）施工单位在采用新技术、新工艺、新设备、新材料时，应当对作业人员进行相应的安全生产教育培训。

（17）施工单位应为施工现场从事危险作业的人员办理意外伤害保险，并支付保险费用。实行施工总承包的，由总承包单位支付意外伤害保险费。

任务 1.4　建设施工现场安全生产管理规定

1. 从业人员安全生产的权利和义务

建设施工从业人员是指建设施工企业从事生产经营活动各项工作的全体人员，包括管理人员、技术人员和技术工人，也包括施工企业临时聘用的各类人员。从业人员在生产经营活动中，依法享有权利，并承担义务。

安全事故预防
与一般安全
事故处理

（1）从业人员安全生产的权利

1）知情权

从业人员有权了解其作业场所和工作岗位存在的危险因素、防范措施及事故应急措施，有权对企业安全生产工作提出建议。生产经营单位与从业人员订立的劳动合同，应当载明有关保障从业人员劳动安全、防止职业危害的事项。

2）批评、检举和控告权

从业人员有权对施工现场的作业条件、作业程序和作业方式中存在的安全问题提出批评、检举和控告。

3）拒绝权

从业人员有权拒绝违章指挥和强令冒险作业。生产经营单位不得因从业人员对本单位安全生产工作提出批评、检举、控告或者拒绝违章指挥、强令冒险作业而降低其工资、福利等待遇或者解除与其订立的劳动合同。

4）避险权

在施工中发生危及人身安全的紧急情况时，从业人员有权立即停止作业或者在采取必要的应急措施后撤离危险区域。生产经营单位不得因从业人员在上述紧急情况下停止作业或者采取紧急撤离措施而降低其工资、福利等待遇或者解除与其订立的劳动合同。

5）索赔权

因生产安全事故受到损害的从业人员，除依法享有工伤保险外，依照有关民事法律尚有获得赔偿的权利，有权向本单位提出赔偿要求。生产经营单位不得以任何形式与从业人员订立协议，免除或者减轻其对从业人员因生产安全事故伤亡依法应承担的责任。

6）劳动防护权

生产经营单位应依法为从业人员办理工伤保险等事项，向从业人员提供安全防护用具和安全防护服装，并书面告知危险岗位的操作规程和违章操作的危害。

（2）从业人员安全生产的义务

1）遵规守纪的义务

从业人员应当遵守安全施工的强制性标准、规章制度和操作规程，服从管理，正确佩戴和使用劳动防护用品等。

2）学习掌握安全生产知识的义务

从业人员进入新的岗位或者新的施工现场前，应当接受安全生产教育培训，掌握本职工作所需的安全生产知识，提高安全生产技能，增强事故预防和应急处理能力。未经教育培训或者教育培训考核不合格的人员，不得上岗作业。生产经营单位在采用新技术、新工艺、新设备、新材料时，应当对作业人员进行相应的安全生产教育培训。

3）危险报告义务

从业人员发现事故隐患或者其他不安全因素，应当立即向现场安全生产管理人员或者本单位负责人报告。

2. 安全技术措施、专项施工方案和安全技术交底

（1）安全技术措施

安全技术措施是施工组织设计（施工方案）的重要组成部分，是具体指导项目安全施工的重要技术文件。它是针对施工中存在的不安全因素进行预测和分析，找出危险点，为消除和控制危险隐患，从技术和管理上采取措施加以防范，消除不安全因素，防止事故发生，确保项目安全施工。《中华人民共和国建筑法》第三十八条规定，建筑施工企业在编制施工组织设计时，应当根据建筑工程的特点制定相应的安全技术措施；对专业性较强的工程项目，应当编制专项安全施工组织设计，并采取安全技术措施。

1）一般规定

① 安全技术措施实施前，应审核作业过程的指导文件；实施过程中，应进行检查、分析和评价，并应使人员、机械、材料、方法、环境等因素均处于受控状态。

② 建筑施工安全技术控制措施的实施应符合如下规定：根据危险等级、安全规划制定安全技术控制措施；安全技术控制措施符合安全技术分析的要求；安全技术控制措施按施工工艺、工序实施，提高其有效性；安全技术控制措施实施程序的更改应处于控制之

中；安全技术措施实施的过程控制应以数据分析、信息分析以及过程监测反馈为基础等。

③ 建设施工安全技术措施应按危险等级分级控制，并应符合如下规定：

Ⅰ级：编写专项施工方案和应急救援预案，组织技术论证，履行审核、审批手续，对安全技术方案内容进行技术交底、组织验收，采取监测预警技术进行全过程监控；

Ⅱ级：编写专项施工方案和应急救援措施，履行审核、审批手续，进行技术交底、组织验收，采取监测预警技术进行局部或分段过程监控；

Ⅲ级：制订安全技术措施并履行审核、审批手续，进行技术交底等。

④ 建设施工过程中，各分部分项工程、各工序应按相应专业技术标准进行安全技术控制；对关键环节、特殊环节、采用新技术或新工艺的环节，应提高一个危险等级进行安全技术控制等。

⑤ 建设施工安全技术措施应在实施前进行预控，实施中进行过程控制，并应符合下列规定：安全技术措施预控范围应包括材料质量及检验复验、设备和设施检验、作业人员应具备的资格及技术能力、作业人员的安全教育、安全技术交底；安全技术措施过程控制范围应包括施工工艺和工序、安全操作规程、设备和设施、施工荷载、阶段验收、监测预警等。

2）材料及设备的安全技术控制

① 对涉及建设施工安全生产的主要材料、设备、构配件及防护用品，应进行进场验收，并应按各专业安全技术标准规定进行复验。

② 建设施工机械和施工机具安全技术控制应符合下列规定：建设施工机械设备和施工机具及配件应具有产品合格证，属特种设备的还应具有生产（制造）许可证；建筑机械和施工机具及配件的安全性能应通过检测，使用时应具有检测或检验合格证明；施工机械和机具的防护要求、绝缘保护或接地接零要求应符合相关技术规定；建筑施工机械设备的操作者应经过技术培训合格后方可上岗操作。

③ 建设施工机械设备和施工机具及配件安全技术控制中的性能检测应包括金属结构、工作机构、电气装置、液压系统、安全保护装置、吊索具等。施工机械设备和施工机具使用前应进行安装调试和交接验收。

3）建设施工安全技术措施实施验收

① 建设施工安全技术措施实施应按规定组织验收，并符合下列规定：应由施工单位组织安全技术措施的实施验收；安全技术措施实施验收应根据危险等级由相应人员参加。

② 实行施工总承包的单位工程，应由总承包单位组织安全技术措施实施验收，相关专业工程的承包单位技术负责人和安全负责人应参加相关专业工程的安全技术措施实施验收。

③ 施工现场安全技术措施实施验收应在实施责任主体单位自行检查评定合格的基础上进行，安全技术措施实施验收应有明确的验收结果意见；当安全技术措施实施验收不合格时，实施责任主体单位应进行整改，并应重新组织验收。

④ 建设施工安全技术措施实施验收应明确保证项目和一般项目，并应符合相关专业技术标准的规定。

⑤ 建设施工安全技术措施实施验收应符合工程勘察设计文件、专项施工方案、安全技术措施实施的要求。

⑥ 对施工现场涉及建设施工安全的材料、构配件、设备、设施、机具、吊索具、安全防护用品，应按国家现行有关标准的规定进行安全技术措施实施验收。

⑦ 机械设备和施工机具使用前应进行交接验收。

⑧ 施工起重、升降机械和整体提升脚手架、爬模等自升式架设设施安装完毕后，安装单位应自检，出具自检合格证明，并应向施工单位进行安全使用说明，办理交接验收手续。

（2）专项施工方案

专项施工方案是指在危险性较大的分部分项工程实施前编制有针对性的施工方案。

1）一般规定

① 施工单位应当在危大工程施工前组织工程技术人员编制专项施工方案。实行施工总承包的，专项施工方案应当由施工总承包单位组织编制。危大工程实行分包的，专项施工方案可以由相关专业分包单位组织编制。

编制安全专项
施工方案（一）

② 专项施工方案应当由施工单位技术负责人审核签字、加盖单位公章，并由总监理工程师审查签字、加盖执业印章后方可实施。危大工程实行分包并由分包单位编制专项施工方案的，专项施工方案应当由总承包单位技术负责人及分包单位技术负责人共同审核签字并加盖单位公章。

③ 对于超过一定规模的危大工程，施工单位应当组织召开专家论证会对专项施工方案进行论证。实行施工总承包的，由施工总承包单位组织召开专家论证会。专家论证前专项施工方案应当通过施工单位审核和总监理工程师审查。专家应当从地方人民政府住房城乡建设主管部门建立的专家库中选取，符合专业要求且人数不得少于 5 名。与本工程有利害关系的人员不得以专家身份参加专家论证会。

编制安全专项
施工方案（二）

④ 专家论证会后，应当形成论证报告，对专项施工方案提出通过、修改后通过或者不通过的一致意见。专家对论证报告负责并签字确认。专项施工方案经论证需修改后通过的，施工单位应当根据论证报告修改完善后，重新履行相关签字盖章程序后实施。专项施工方案经论证不通过的，施工单位修改后应当按照规定的要求重新组织专家论证。

2）须编写专项施工方案的工程

① 基坑（槽）的土方开挖、支护、降水工程；

② 施工降水、排水工程；

③ 土石方工程、人工挖孔桩工程；

④ 模板工程及支撑体系；

⑤ 起重吊装及起重机械安装拆卸工程；

⑥ 脚手架工程、拆除工程；

⑦ 暗挖工程；

⑧ 水电安装工程、临时用电工程；

⑨ 建筑幕墙安装工程、钢结构、网架和索膜结构安装工程；

⑩ 防水工程；

⑪ 其他危大工程。

（3）安全技术交底

安全技术交底是指交底方向被交底方对预防和控制生产安全事故发生及减少其危害的技术措施、施工方法进行说明的技术活动，用于指导建筑施工行为。《建设工程安全生产管理条例》第二十七条规定，建设工程施工前，施工单位负责项目管理的技术人员应当对有关安全施工的技术要求向施工作业班组、作业人员作出详细说明，并由双方签字确认。

安全技术交底的一般规定如下：

1）安全技术交底应依据国家有关法律法规和有关标准、工程设计文件、施工组织设计和安全技术规划、专项施工方案和安全技术措施、安全技术管理文件等要求进行。

编制分项工程
安全技术
交底文件

2）安全技术交底应符合：安全技术交底的内容应针对施工过程中潜在危险因素，明确安全技术措施内容和作业程序要求；危险等级为Ⅰ级、Ⅱ级的分部分项工程、机械设备及设施安装拆卸的施工作业，应单独进行安全技术交底。

3）安全技术交底的内容应包括：工程项目和分部分项工程的概况、施工过程的危险部位和环节及可能导致生产安全事故的因素、针对危险因素采取的具体预防措施、作业中应遵守的安全操作规程以及应注意的安全事项、作业人员发现事故隐患应采取的措施、发生事故后应及时采取的避险和救援措施。

4）施工单位应建立分级、分层次的安全技术交底制度，安全技术交底应有书面记录，交底双方应履行签字手续。书面记录应在交底者、被交底者和安全管理者三方留存备查。

5）安全技术交底应分级进行，交底人可分为总包、分包、作业班组三个层级。总承包施工项目应由总承包单位的技术人员对分包进行安全技术交底；桩基础施工单位应向土建施工单位进行安全技术交底；土建施工单位应向设备安装、装饰装修、幕墙施工等单位进行安全技术交底。

6）安全技术交底的最终对象是具体施工作业人员，交底应有书面记录和签字留存。

任务 1.5   危险性较大的分部分项工程安全管理

危大工程是指建设工程在施工过程中，容易导致人员群死群伤或造成重大经济损失的分部分项工程。

危险性较大的
分部分项工程
安全管理

1. 施工现场管理

（1）施工单位应当在施工现场显著位置公告危大工程名称、施工时间和具体责任人员，并在危险区域设置安全警示标志。

（2）专项施工方案实施前，编制人员或者项目技术负责人应当向施工现场管理人员进行方案交底。施工现场管理人员应当向作业人员进行安全技术交底，并由双方和项目专职安全生产管理人员共同签字确认。

（3）施工单位应当严格按照专项施工方案组织施工，不得擅自修改专项施工方案。因规划调整、设计变更等原因确需调整的，修改后的专项施工方案应当按照规定重新审核和论证。涉及资金或者工期调整的，建设单位应当按照约定予以调整（图 1-5）。

图 1-5   施工安全要求

（4）施工单位应当对危大工程施工作业人员进行登记，项目负责人应当在施工现场履职。项目专职安全生产管理人员应当对专项施工方案实施情况进行现场监督，对未按照专项施工方案施工的，应当要求立即整改，并及时报告项目负责人，项目负责人应当及时组织限期整改。施工单位应当按照规定对危大工程进行施工监测和安全巡视，发现危及人身安全的紧急情况，应当立即组织作业人员撤离危险区域。

对于按照规定需要进行第三方监测的危大工程，建设单位应当委托具有相应勘察资质的单位进行监测。监测单位应当编制监测方案。监测方案由监测单位技术负责人审核签字并加盖单位公章，报送监理单位后方可实施。

（5）对于按照规定需要验收的危大工程，施工单位、监理单位应当组织相关人员进行验收。验收合格的，经施工单位项目技术负责人及总监理工程师签字确认后，方可进入下一道工序。危大工程验收合格后，施工单位应当在施工现场明显位置设置验收标识牌，公示验收时间及责任人员。

（6）危大工程发生险情或者事故时，施工单位应当立即采取应急处置措施，并报告工程所在地住房和城乡建设主管部门。建设、勘察、设计、监理等单位应当配合施工单位开展应急抢险工作。

（7）施工、监理单位应当建立危大工程安全管理档案。施工单位应当将专项施工方案及审核、专家论证、交底、现场检查、验收及整改等相关资料纳入档案管理。

2. 法律责任

（1）施工单位未按照规定编写并审核危大工程专项施工方案的，依照《建设工程安全生产管理条例》对单位进行处罚，并暂扣安全生产许可证 30 日；对直接负责的主管人员和其他直接责任人员处 1000 元以上 5000 元以下的罚款。

安全生产的
基本思想

（2）施工单位有下列行为之一的，依照《安全生产法》《建设工程安全生产管理条例》对单位和相关责任人员进行处罚：

1）未向施工现场管理人员和作业人员进行方案交底和安全技术交底的；

2）未在施工现场显著位置公告危大工程，并在危险区域设置安全警示标志的；

3）项目专职安全生产管理人员未对专项施工方案实施情况进行现场监督的。

监督实施安全
技术交底

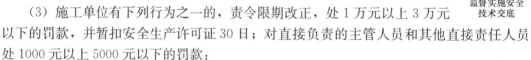

（3）施工单位有下列行为之一的，责令限期改正，处 1 万元以上 3 万元以下的罚款，并暂扣安全生产许可证 30 日；对直接负责的主管人员和其他直接责任人员处 1000 元以上 5000 元以下的罚款：

1）未对超过一定规模的危大工程专项施工方案进行专家论证的；

2）未根据专家论证报告对超过一定规模的危大工程专项施工方案进行修改，或者未按照本规定重新组织专家论证的；

3）未严格按照专项施工方案组织施工，或者擅自修改专项施工方案的；

4）施工单位有下列行为之一的，责令限期改正，并处 1 万元以上 3 万元以下的罚款；对直接负责的主管人员和其他直接责任人员处 1000 元以上 5000 元以下的罚款：

① 项目负责人未按照规定现场履职或者组织限期整改的；

② 施工单位未按照规定进行施工监测和安全巡视的；

③ 未按照规定组织危大工程验收的；

④ 发生险情或者事故时，未采取应急处置措施的；

⑤ 未按照规定建立危大工程安全管理档案的。

知 识 拓 展

深沟槽（基坑）　　施工项目安全　　施工项目安全　　现场安全教育
开挖应急预案　　生产管理计划的　　生产管理计划的
　　　　　　　　基本编制办法　　　主要内容

思 考 题

1. 简述建设工程安全管理的主要特点。

2. 简述建设工程安全管理基本制度。

3. 简述施工单位安全管理主体责任。

4. 建设施工现场从业人员安全生产的权利和义务有哪些？

5. 安全技术交底具有哪些作用？

6. 施工单位如何在"危大工程"中实施现场安全管理？

学 习 鉴 定

一、填空题

1. 根据 2021 年 6 月 10 日第十三届全国人民代表大会常务委员会第二十九次会议《关于修改〈中华人民共和国安全生产法〉的决定》第三次修正，自 2021 年＿＿＿＿＿＿起施行。

2.《中华人民共和国安全生产法》第三条规定，树牢安全发展理念，坚持安全第一、预防为主、＿＿＿＿＿＿＿的方针，从源头上防范化解重大安全风险。

3.《中华人民共和国安全生产法》第五条规定，生产经营单位的＿＿＿＿＿＿是本单位安全生产第一责任人，对本单位的安全生产工作全面负责。

4. 离开特种作业岗位＿＿＿＿＿＿以上的特种作业人员，应当重新进行实际操作考试，经确认合格后方可上岗作业。

5. 安全生产许可证的有效期为＿＿＿＿＿年。

二、判断题

1. 建筑施工企业破产、倒闭、撤销的，应当将安全生产许可证交回原安全生产许可证颁发管理机关予以注销。　　　　　　　　　　　　　　　　　　（　　）

2. 安全生产考核合格证书有效期为 3 年，证书在所在地区范围内有效。　（　　）

3. 特种作业人员应年满18周岁，且不超过国家法定退休年龄。 （　　）

4. 施工单位应当为施工现场从事危险作业的人员办理意外伤害保险，意外伤害保险费由施工单位支付。 （　　）

5. 施工单位应当在施工现场显著位置公告危大工程名称、施工时间和具体责任人员，并在危险区域设置安全警示标志。 （　　）

6. 《中华人民共和国安全生产法》强调，安全生产工作坚持中国共产党的领导。安全生产工作应当以人为本，坚持人民至上、生命至上，把保护人民生命安全摆在首位，树牢安全发展理念。 （　　）

7. 生产经营单位应当在有较大危险因素的生产经营场所和有关设施、设备上，设置明显的安全警示标志。 （　　）

8. 国家对严重危及生产安全的工艺、设备实行淘汰制度。 （　　）

项目 2 脚手架安全技术管理

学习目标

了解脚手架的类别和基本要求；掌握扣件式钢管脚手架、承插型盘扣式钢管脚手架、门式钢管脚手架、附着式升降脚手架的适用范围、构造、搭设和拆除的安全要求；掌握脚手架的安全检查验收的知识。

案例引入

某工地在建高楼，在施工过程中发生脚手架倒塌，共造成10人死亡。主要原因是使用过程中人为解除附着式升降脚手架的防坠装置，下降作业前，操作人员在提升装置下吊点挂钩未钩住主框架的情况下，提前拆除承力构件，而此时脚手架上作业人员尚未撤离，最终造成脚手架架体倒塌和人员重大伤亡事故。

任务 2.1 脚手架的基本知识

由杆件、配件通过可靠连接组成，能承受相应荷载，具有安全防护功能，为建筑施工而搭设的上料、堆料、模板支撑体系及用于施工作业的各类临时结构架体，称为脚手架。它包括作业脚手架和支撑脚手架。在中国，脚手架发展很早，战国时代建设土城墙时脚手架已经得到应用。中国古代建筑的古塔、城墙都用脚手架施工。在许多古城墙体中尚保存着脚手架插杆洞眼，洞眼里存有木杆的遗物，而洞眼距离就是杆距，正好大致等同人体的高度。这样，在架子上设置跳板，板上供人行走、施工、运料等。

1. 脚手架的分类及基本要求

（1）脚手架的分类

1）按搭设材料分：竹、木、钢管脚手架。

2）按搭设的部位分：外、里脚手架。

3）按用途分：操作（结构和装修脚手架）、防护、承重、支撑脚手架。

4）按脚手架立杆排数分：单排、双排、多排、满堂脚手架。

5）按脚手架的支固方式分：落地式、悬挑式、附着式升降式脚手架。

（2）脚手架的基本要求

1）脚手架的搭设应与工程施工同步，一次搭设高度不应超过最上层连墙件两步，且自由高度不应大于4m。

2）作业脚手架底部立杆上设置的纵、横向扫地杆应符合相关规范及专项施工方案要求。

3）连墙件的设置符合相关规范及专项施工方案要求。连墙件的安装须随作业脚手架搭设同步进行，严禁滞后安装。

4）步距、跨距搭设符合相关规范及专项施工方案要求。

5）剪刀撑、斜撑杆等加固杆件应随架体同步搭设，不得滞后安装，剪刀撑的设置符合相关规范及专项施工方案要求。

6）架体基础符合相关规范及专项施工方案要求。落地脚手架一般搭设在地面上或建筑结构上，搭设场地平整、坚实，没有积水。

7）架体材料和构配件符合相关规范及专项施工方案要求，扣件按规定进行抽样复试。

8）脚手架上严禁集中堆载。

9）架体的封闭符合相关规范及专项施工方案要求。

10）脚手架上脚手板的设置符合相关规范及专项施工方案要求。

（3）脚手架构配件要求

脚手架构配件应具有良好的互换性，可重复使用。构配件质量应符合《施工脚手架通用规范》GB 55023—2022 的规定。

1）脚手架构配件的性能指标应满足脚手架使用的需要，质量应符合国家现行相关标准的规定。

2）脚手架构配件应有产品质量合格证明文件。

3）脚手架所用杆件和构配件应配套使用，并应满足组架方式及构造要求。

4）脚手架构配件在使用周期内，应及时检查、分类、维护、保养，对不合格品应及时报废，并应形成文件记录。

5）对于无法通过结构分析、外观检查和测量检查确定性能的材料与构配件，应通过试验确定其受力性能。

2. 脚手架安全管理的基本要求

脚手架搭设前必须根据工程的特点按照相关规范、规定，制定施工方案和搭设的安全技术措施。脚手架作业时应满足安全管理的基本要求：

（1）建立脚手架工程施工安全管理体系和安全检查、安全考核制度。

（2）搭设和拆除作业前，应根据工程特点编制脚手架专项施工方案，并应经审批后实施。

（3）查验搭设脚手架的材料、构配件、设备和施工质量检查结果。

（4）使用过程中，检查脚手架安全使用制度的落实情况。

（5）脚手架的搭设和拆除作业由专业架子工担任，并持证上岗。

（6）搭设和拆除脚手架作业有相应的安全设施，操作人员佩戴个人防护用品，穿防滑鞋。

（7）脚手架搭设和拆除作业前，应将脚手架专项施工方案向施工现场管理人员及作业人员进行安全技术交底。

（8）脚手架在使用过程中，应定期检查以下项目：

1）主要受力杆件、剪刀撑等加固杆件、连墙件无缺失、松动，架体无明显变形。

2）场地无积水，立杆底端无松动、悬空。

3）安全防护设施齐全、有效，无损坏缺失。

4）附着式升降脚手架支座牢固，防倾、防坠装置处于良好工作状态，架体升降正常平稳。

5）悬挑式脚手架的悬挑支承结构固定牢固。

（9）当脚手架遇六级及以上强风或大雨过后、冻结的地基土解冻后、停用超过1个月、架体部分拆除等情况时，应进行检查，确认安全后方可继续使用。

（10）严禁将支撑脚手架、缆风绳、混凝土输送泵管、卸料平台及大型设备的支承件等固定在作业脚手架上。严禁在作业脚手架上悬挂起重设备。

（11）当有六级强风及以上风、浓雾、雨或雪天气时，应停止脚手架搭设与拆除作业。雨、雪、霜后上架作业应采取有效的防滑措施，并清除积雪。

（12）作业脚手架外侧和支撑脚手架作业层栏杆采用密目式安全网或其他措施全封闭防护。密目式安全网为阻燃产品。

（13）作业脚手架临街的外侧立面、转角处采取硬防护措施，硬防护的高度不低于1.2m，转角处硬防护的宽度为作业脚手架宽度。

（14）作业脚手架同时满载作业的层数不超过2层。

（15）在脚手架作业层上进行电焊、气焊和其他动火作业时，应采取防火措施，并设专人监护。

（16）在脚手架使用期间，立杆基础下及附近不宜进行挖掘作业。当因施工需要进行挖掘作业时，应对架体采取加固措施。

（17）在搭设和拆除脚手架作业时，应设置安全警戒线，并派专人监护，严禁非作业人员入内。

（18）支撑脚手架在施加荷载时，架体下严禁有人。脚手架在使用过程中出现安全隐患时，应及时排除。当出现可能危及人身安全的重大隐患时，应停止架上作业，撤离作业人员，由工程技术人员组织检查、处置。

任务2.2 扣件式钢管脚手架

扣件式钢管
脚手架安全管理

为建筑施工而搭设的、承受荷载的由专门的钢管、扣件和脚手板等组成，并按照规定的搭设方法组合起来，满足建筑施工上料、堆料与施工作业等使用的临时结构架，称为扣件式钢管脚手架。

1. 基本构造

扣件式钢管脚手架的构造，如图2-1所示。扣件式钢管脚手架主要杆件及配件的作用见表2-1。

扣件式钢管脚手架的主要杆件及配件的作用 表2-1

序号	杆件名称		使用部位及作用
1	立杆	外立杆	平行于建筑物并垂直于地面的杆件，既是组成脚手架结构的主要杆件，又是传递脚手架结构自重、施工荷载和风荷载的主要受力杆件
		内立杆	
2	横向水平杆		垂直于建筑物，横向连接脚手架内、外排立杆，或一端连接脚手架立杆，另一端支于建筑物的水平杆，是组成脚手架结构并传递施工荷载给立杆的主要受力杆件
3	纵向水平杆		平行于建筑物，纵向连接各立杆的通长水平杆件，既是组成脚手架的主要杆件，又是传递施工荷载给立杆的主要受力杆件

续表

序号	杆件名称		使用部位及作用
4	扣件	直角扣件	用于垂直交叉杆件间的连接,是依靠扣件与钢管表面间的摩擦力传递施工荷载、风荷载的受力连接件
		旋转扣件	用于平行或斜交杆件间连接,是用于连接支撑斜杆与立杆或横向水平杆的连接件
		对接扣件	用于杆件对接连接的扣件,也是传递荷载的受力连接件
5	连墙件		连接脚手架与建筑物的部件,是脚手架既要承受、传递风荷载,又要防止脚手架在横向失稳或倾覆的重要受力部件
6	脚手板		供操作人员作业,并承受和传递施工荷载的板件,当设于非操作层时,可起防护作用
7	横向斜撑		与双排脚手架内、外排立杆或水平杆斜交呈"之"字形的斜杆,可增强脚手架的横向刚度、提高脚手架的承载能力
8	剪刀撑		设在脚手架外侧面,与墙面平行,呈十字交叉状,可增强脚手架的整体刚度和平面稳定性
9	抛撑		与脚手架外侧面斜交的杆件,可增强脚手架的稳定和抵抗水平荷载的能力
10	纵向扫地杆		连接立杆下端,平行于外墙,距底座下皮200mm处的纵向水平杆,可约束立杆底端发生纵向位移
11	横向扫地杆		连接立杆下端,垂直于外墙,位于纵向扫地杆下方的横向水平杆,可约束立杆底端发生横向位移
12	垫板		设在立杆下端,承受并传递立杆荷载的配件

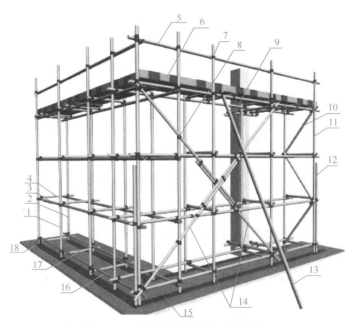

图 2-1 双排扣件式钢管脚手架构造

1—外立杆;2—内立杆;3—纵向水平杆;4—横向水平杆;5—栏杆;6—挡脚板;7—直角扣件;8—旋转扣件;9—连墙件;10—横向斜撑;11—主立杆;12—副立杆;13—抛撑;14—剪刀撑;15—垫板;16—纵向扫地杆;17—横向扫地杆;18—底座

2. 构配件的质量要求

（1）钢管

钢管宜采用 ϕ48mm～ϕ51mm、壁厚 3～3.6mm 的电焊钢管。用于立柱、纵向水平杆和各杆支撑杆（斜撑、剪刀撑、抛撑等）的钢管长宜为 4～6.5m，用于横向水平杆的钢管长以 2.2m 为宜。钢管应无裂纹，两端面应平整，严禁打孔，如图 2-2 所示。钢管质量检验要求见表 2-2；钢管的允许偏差见表 2-3。

图 2-2　钢管

钢管质量检验要求　　　　　　　　　　　　　　　　　　表 2-2

项次		检查项目	检查要求
新管	1	产品质量合格证	必须具备
	2	钢管材质检验报告	
	3	表面质量	表面应平直光滑，不应有裂纹、分层、压痕和硬弯
	4	外径、壁厚	允许偏差不超过表 2-3 规定
	5	端面	应平整，偏差不超过表 2-3 规定
	6	防锈处理	应镀锌或涂防锈漆
旧管	7	应每年检查一次	锈蚀深度应符合表 2-3 规定，锈蚀严重部位应将钢管截断进行检查
	8	其他项目同新管 3、4、5	同新管项次 3、4、5

钢管的允许偏差　　　　　　　　　　　　　　　　　　表 2-3

项次	项目		允许偏差（mm）
1	钢管尺寸的偏差	低于焊接管外径 48mm	－0.5
		壁厚 3.6mm	－0.5
		电焊管外径 48mm	－0.5
		壁厚 3.6mm	－0.35
2	钢管两端截面切斜的偏差		1.70
3	钢管外表面锈蚀的深度		≤0.18
4	钢管弯曲的偏差	各种杆件的顶部弯曲	≤5
		立柱钢管弯曲：3m＜L≤4m	≤12
		立柱钢管弯曲：4m＜L≤6.5m	≤20
		栏杆、支撑体系钢管的弯曲（L≤6.5m）	≤30

注：L 为管长。

（2）扣件

扣件是采用螺栓紧固的扣接连接件，其形式如图2-3所示。目前我国有锻铸铁扣件与钢板轧制扣件两种，前者质量可靠，应优先采用。

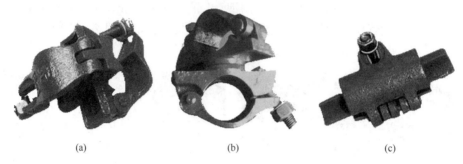

(a)　　　　　　　　　　(b)　　　　　　　　　　(c)

图 2-3　扣件形式图

（a）直角扣件；（b）旋转扣件；（c）对角扣件

扣件应符合以下技术要求：

1）铸件不能有裂纹、气孔，不宜有疏松、砂眼或其他影响使用的缺陷，机械力学性能不低于 KTH330-08 的可锻铸铁要求。

2）保证扣件与钢管的接触面严格吻合。

3）旋转扣件应转动灵活，两旋转面的间距应小于 1mm。

4）当扣件夹紧钢管时，开口处的最小距离应小于 5mm。

5）应对新旧扣件表面做防锈处理。

6）扣件螺栓的拧紧扭力矩达 65N·m，扣件不得破坏。

7）使用旧扣件前，应进行质量检查，严禁使用有裂纹、变形的扣件，必须更换出现滑丝的螺栓。

（3）脚手板

脚手板是供操作人员站立或临时堆放材料及器具等的临时设施，作业层脚手板应铺满、铺稳、铺实。其类型有冲压式钢脚手板、竹脚手板和木脚手板等。

1）冲压脚手板的钢材应符合现行国家标准《碳素结构钢》GB/T 700—2006 的规定，冲压钢板脚手板的厚度不宜小于 1.5mm，板面冲孔内切圆直径应小于 25mm，应有防滑措施。新旧脚手板均应涂刷防锈漆。冲压钢脚手板的外形，如图2-4所示。

图 2-4　冲压钢脚手板

2）木脚手板铺设在小横杆上，形成工作平台，它必须满足强度和刚度的要求。脚手板厚度不应小于 50mm，两端宜各设置直径不小于 4mm 的镀锌钢丝箍两道。

脚手板还可以采用钢木混合脚手板、薄钢板脚手板等，使用这些脚手板时，应遵守相关的质量标准。无论使用哪种脚手板，每块脚手板重量均不宜大于 30kg，以方便工人搬运操作。

各种脚手板的质量按表 2-4 的要求进行检验。

脚手板质量检验要求　　　　　　　　　　　　　　　表 2-4

项次	项目		要求
1. 钢脚手板	产品质量合格证 尺寸偏差： a. 板面挠曲 $L \leqslant 4m$ 　　　　　$L > 4m$ b. 板面扭曲（任一角翘起）		必须具备 $\leqslant 12mm$ $\leqslant 16mm$ $\leqslant 5mm$
2. 木脚手板	尺寸 缺陷		宽度 $\geqslant 200mm$ 厚度 $\geqslant 50mm$ 不得有开裂腐朽

注：表中 L 为脚手板长度。

（4）底座

扣件式钢管脚手架的底座，有可锻铸铁制成的底座和焊接底座两种，可根据具体情况选用。可锻铸铁制成的底座是标准底座，现场常用焊接底座。可锻铸铁底座的材质要求与扣件相同。几何尺寸应符合图 2-5 的要求。

垫板和底座设置要求

垫板应准确地放在定位线上，采用长度不少于2跨、厚度不小于50mm、宽度不小于200mm的木垫板，底座放在垫板上。

图 2-5　底座

3. 搭设的安全要求

（1）立杆基础设置要求

1）基础应平整夯实，表面应进行混凝土硬化。落地立杆应垂直稳放在金属底座或坚固底板上，如图 2-6 所示。

地基处理

　基础分层夯实，表面采用C20混凝土硬化，四周设置一道排水沟。

定位放线

根据工程外形特点放线定位。

图 2-6　地基处理

2）立杆下部应设置纵横扫地杆。纵向扫地杆应采用直角扣件固定在距底座上面不大于 200mm 处的立杆上，横向扫地杆应采用直角扣件固定在紧靠纵向扫地杆下方的立杆上。当立杆基础不在同一高度上时，必须将高处的纵向扫地杆向低处延长两跨与立杆固定，高低差不应大于 1m。靠边坡上方的立杆轴线到边坡的距离不应小于 500mm，如图 2-7所示。

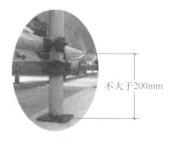

图 2-7　纵横扫地杆

3）立杆基础外侧应设置截面不小于 200mm×200mm 的排水沟，保持立杆基础不积水，并在外侧 800mm 宽范围内采用混凝土硬化。

4）外脚手架不宜支设在屋面、雨篷、阳台等处。确有需要，应分别对屋面、雨篷、阳台等部位的结构安全性进行验算，并在专项施工方案中明确。

5）当脚手架基础下有设备基础、管沟时，在脚手架使用过程中不应开挖。当必须开挖时，应采取加固措施。

（2）立杆搭设要求

1）立杆上的对接扣件应交错布置，同步内隔一根立杆的两个相隔接头在高度方向错开的距离不宜小于 500mm，各接头中心至主节点的距离不宜大于步距的 1/3，如图 2-8 所示。

图 2-8　立杆上对接扣件的要求

2）脚手架立杆基础不在同一高度时，必须将高处的纵向扫地杆向低处延长两跨与立杆固定，高低差不应大于 1m。靠边坡上方的立杆轴线到边坡的距离不应小于 500mm，如图 2-9 所示。

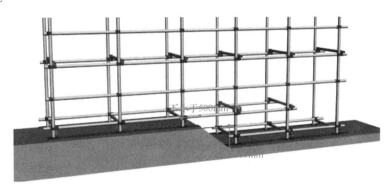

图 2-9　脚手架立杆基础不在同一高度时的要求

3）底部立杆必须设置纵、横向扫地杆，纵向扫地杆宜采用直角扣件固定在距底座上皮不大于 200mm 的立杆上，横向扫地杆也应用直角扣件固定在纵向扫地杆下方的立杆上。

4）底排立杆、扫地杆、剪刀撑均漆黄黑或红白相间色。

（3）杆件设置要求

1）脚手架立杆与纵向水平杆交点处应设置横向水平杆，两端固定在立杆上，确保安全受力。

2）立杆接长除在顶层顶步可采用搭接外，其余各层各步必须采用对接。搭接时搭接长度不小于 1m，并采用不少于 2 个旋转扣件固定。端部扣件盖板的边缘至杆端的距离不应小于 100mm。脚手架立杆顶端宜高出女儿墙上端 1m，宜高出檐口上端 1.5m，如图 2-10 所示。

图 2-10　杆件设置要求

3）在脚手架使用期间，严禁拆除主节点处的纵、横向水平杆。

4）纵向水平杆宜设置在立杆内侧，其长度不宜小于 3 跨。

5）纵向水平杆接长宜采用对接扣件连接，也可采用搭接。当采用对接扣件连接时，纵向水平杆的对接扣件应交错布置。当采用搭接时，纵向水平杆搭接长度不应小于 1m，应等间距设置 3 个旋转扣件固定，端部扣件盖板边缘至搭接纵向水平杆杆端的距离不应小于 100mm。

6）主节点处必须设置一根横向水平杆，用直角扣件扣接且严禁拆除。

7）横向水平杆两端各伸出扣件盖板边缘长度不应小于 100mm，并应保持一致。

8）相邻杆件搭接、对接必须错开一个档距，同一平面上的接头不得超过 50％。

（4）剪刀撑与横向斜撑设置要求

1）高度在 24m 及以上的双排脚手架应在外侧全立面连续设置剪刀撑；高度在 24m 以下的单、双排脚手架，均必须在外侧两端、转角及中间间隔不超过 15m 的立面上，各设置一道剪刀撑，并应由底至顶连续设置。

2）剪刀撑应从底部边角沿长度和高度方向连续设置至顶部。

3）每道剪刀撑的宽度应为 4～6 跨，且不应小于 6m，也不应大于 9m；剪刀撑与水平面的倾角应在 45°～60°。

4）一字型、开口型双排脚手架的两端均应设置横向斜撑；中间宜每隔 6 跨设置一道横向斜撑。

5）剪刀撑、横向斜撑随立杆、纵向和横向水平杆等同步搭设。

6）剪刀撑采用搭接，搭接长度不小于 1m，且不少于三个旋转扣件紧固。

（5）脚手板与防护栏杆要求

1）外脚手架脚手板每步满铺。

2）脚手板垂直墙面横向铺设。脚手板满铺到位，不留空位。

3）脚手板采用 18 号铁丝双股并联四角绑扎牢固，交接处平整，无探头板。脚手板破损时应及时更换。

4）脚手架外侧应采用合格的密目式安全网封闭。安全网采用 18 号铁丝固定在脚手架外立杆内侧。

5）脚手架外侧每步设 180mm 挡脚板（杆），在高 0.6m 与 1.2m 处各设一道同材质的防护栏杆。脚手架内侧形成临边的，按脚手架外侧防护做法操作。

6）脚手架立杆顶端栏杆宜高出女儿墙上端 1m，高出檐口上端 1.5m。

（6）架体与建筑物拉结要求

1）连墙件宜靠近主节点设置，偏离主节点的距离不应大于 300mm，当大于 300mm 时，应有加强措施。当连墙件位于立杆步距的 1/2 附近时，须予以调整，如图 2-11 所示。

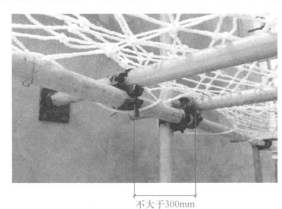

不大于300mm

图 2-11　连墙件的设置

2）连墙件从底层第一步纵向水平杆处开始设置，当该处设置有困难时，应采用其他可靠固定措施。连墙件宜菱形布置，也可采用方形、矩形布置，如图 2-12 所示。

图 2-12　连墙件的加固

3）连墙件应采用刚性连墙件与建筑物连接。

4）连墙杆宜水平设置，当不能水平设置时，与脚手架连接的一端应向下斜连接，不应采用向上斜连接。

5）开口型脚手架的两端必须设置连墙件，连墙件的垂直间距不应大于建筑物的层高，且不应大于 4m。

6）一字型、开口型脚手架的两端必须设置连墙件，连墙件的垂直间距不应大于建筑物的层高，并不应大于 4m 或两步。

7）脚手架应配合施工进度搭设，一次搭设高度不应超过相邻连墙件以上两步。

8）在脚手架使用期间，严禁拆除连墙件。连墙件必须随脚手架逐层拆除，严禁先将连墙件整层或数层拆除后再拆脚手架；分段拆除高差不应大于两步，如高差大于两步，应增设连墙件加固。

9）因施工需要需拆除原连墙件时，应采取可靠、有效的临时拉结措施，以确保外架安全可靠。

10）架体高度超过 40m 且有风涡流作用时，采取抗上升翻流作用的连墙措施。

11）当脚手架下部暂不能设连墙件时应采取防倾覆措施。当设置抛撑时，抛撑应采用通长杆件，并用旋转扣件固定在脚手架上，与地面的倾角应在 45°～60°，连接点中心至主节点的距离不应大于 300mm，抛撑在连墙件搭设后方可拆除。

（7）架体内封闭要求

1）脚手架内立杆距墙体净距一般不应大于 200mm。当不能满足要求时，应铺设站人片，站人片设置平整牢固。

2）脚手架在施工层及以下每隔 3 步与建筑物之间应进行水平封闭隔离，首层及顶层应设置水平封闭隔离。

（8）外脚手架人行斜道要求

1）斜道附着搭设在脚手架的外侧，不得悬挑。斜道的设置应为来回上折形，坡度不应大于 1∶3，宽度不应小于 1m，转角处平台面积不宜小于 3m²。斜道立杆应单独设置，不得借用脚手架立杆，并应在垂直方向和水平方向每隔一步或一个纵距设一连接。

2）斜道两侧及转角平台外围均应设 180mm 挡脚板（杆），在高 0.6m 与 1.2m 处各设一道同材质的防护栏杆，并用合格的密目式安全网封闭。

3）斜道侧面及平台外侧应设置剪刀撑。

4）人行斜道的脚手板上应每隔 250～300mm 设置一根防滑木条，木条厚度应为 20～30mm。

（9）门洞（八字撑）的搭设要求

1）脚手架门洞口宜采用上升斜杆、平行弦桁架结构形式，斜杆与地面倾角应在 45°～60°；

2）八字撑杆宜采用通长杆；

3）八字撑杆采用旋转扣件在与之相交的小横杆伸出端或跨间小横杆上；

4）门洞桁架下的两侧立杆应为双立杆，副立杆高度应高于门洞 1～2 步；

5）门洞桁架中伸出上下弦杆的杆件端头，均应设一个防滑扣件。防滑扣件宜紧靠主节点处的扣件。

任务 2.3　承插型盘扣式钢管脚手架

承插型盘扣式钢管脚手架是由立杆、横杆、斜杆、可调底座及可调托座等配件构成，立杆之间采用外套管或内插管连接，水平杆和斜杆采用扣件头卡八角盘，用楔形插销连接，能承受相应的荷载，具有作业安全和防护功能的结构架体。根据使用用途可分为支撑脚手架和作业脚手架，如图 2-13 所示。

1. 材料质量要求

（1）承插型盘扣式钢管支架的构配件除有特殊要求外，其材质应符合现行国家标准《低合金高强度结构钢》GB/T 1591，《碳素结构钢》GB/T 700 以及《一般工程用铸造碳

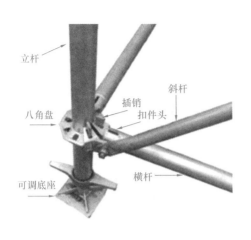
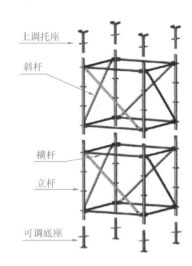

图 2-13　承插型盘扣式钢管脚手架基本组成

钢件》GB/T 11352 的规定。各类支架主要构配件材质应符合表 2-5 的规定。

承插型盘扣式钢管支架主要构配件材质　　　　　　　　表 2-5

立杆	水平杆	竖向斜杆	水平斜杆	扣接头	连接套管	可调底座可调托座	可调螺母	连接盘、插销
Q345A	Q235A	Q195	Q235B	ZG230-450	ZG230-450 或 20 号无缝钢管	Q235B	ZG270-500	ZG230-450 或 Q235B

（2）连接盘、扣接头、插销以及可调螺母的调节手柄采用碳素铸钢制造时，其材料机械性能不得低于现行国家标准《一般工程用铸造碳钢件》GB/T 11352 中牌号为 ZG230-450 的屈服强度、抗拉强度、延伸率的要求。

2. 制作质量要求

（1）杆件焊接制作应在专用工艺装备上进行，各焊接部位应牢固可靠。焊丝宜采用符合现行国家标准中气体保护电弧焊用碳钢、低合金钢焊丝的要求，有效焊缝高度不应小于 3.5mm。

（2）铸钢或钢板热锻制作的连接盘厚度不应小于 8mm，允许尺寸偏差应为 ±0.5mm；钢板冲压制作的连接盘厚度不应小于 10mm，允许尺寸偏差应为 ±0.5mm。

（3）铸钢制作的杆端扣接头应与立杆钢管外表面形成良好的弧面接触，并应有不小于 500mm² 的接触面积。

（4）楔形插销的斜度应确保楔形插销楔入连接盘后能自锁。铸钢、钢板热锻或钢板冲压制作的插销厚度不应小于 8mm，允许尺寸偏差应为 ±0.1mm。

（5）立杆连接套管可采用铸钢套管或无缝钢管套管。采用铸钢套管形式的立杆连接套长度不应小于 90mm，可插入长度不应小于 75mm；采用无缝钢管套管形式的立杆连接套长度不应小于 160mm，可插入长度不应小于 110mm。套管内径与立杆钢管外径间隙不应大于 2mm。

（6）立杆与立杆连接套管应设置固定立杆连接件的防拔出销孔，销孔孔径不应大于

14mm，允许尺寸偏差应为±0.1mm；立杆连接件直径宜为12mm，允许尺寸偏差应为±0.1mm。

（7）连接盘与立杆焊接固定时，连接盘盘心与立杆轴心的不同轴度不应大于0.3mm；以单侧边连接盘外边缘处为测点，盘面与立杆纵轴线正交的垂直度偏差不应大于0.3mm。

（8）可调底座和可调托座的丝杆宜采用梯形牙，A型立杆宜配置φ48丝杆和调节手柄，丝杆外径不应小于46mm；B型立杆宜配置φ38丝杆和调节手柄，丝杆外径不应小于36mm。

（9）可调底座的底板和可调托座托板宜采用Q235钢板制作，厚度不应小于5mm，允许尺寸偏差应为±0.2mm，承力面钢板长度和宽度均不应小于150mm；承力面钢板与丝杆应采用环焊，并应设置加劲片或加劲拱度；可调托座托板应设置开口挡板，挡板高度不应小于40mm。

（10）可调底座及可调托座丝杆与螺母旋合长度不得小于5扣，螺母厚度不得小于30mm，可调托座和可调底座插入立杆内的长度应符合相关规范规定。

（11）主要构配件的制作质量及形位公差要求，应符合相关规范规定。

（12）可调托座、可调底座承载力，应符合相关规范规定。

（13）构配件外观质量应符合下列要求：

1）钢管应无裂纹、凹陷、锈蚀，不得采用对接焊接钢管；

2）钢管应平直，直线度允许偏差应为管长的1/500，两端面应平整，不得有斜口、毛刺；

3）铸件表面应光滑，不得有砂眼、缩孔、裂纹、浇冒口残余等缺陷，表面粘砂应清除干净；

4）冲压件不得有毛刺、裂纹、氧化皮等缺陷；

5）各焊缝有效高度应符合规定，焊缝应饱满，焊药应清除干净，不得有未焊透、夹渣、咬肉、裂纹等缺陷；

6）可调底座和可调托座表面宜浸漆或冷镀锌，涂层应均匀、牢固；架体杆件及其他构配件表面应热镀锌，表面应光滑，在连接处不得有毛刺、滴瘤和多余结块；

7）主要构配件上的生产厂标识应清晰。

3. 构造要求

（1）一般规定

1）脚手架的构造体系应完整，脚手架应具有整体稳定性。

2）应根据施工方案计算得出的立杆纵横向间距选用定长的水平杆和斜杆，并应根据搭设高度组合立杆、基座、可调托撑和可调底座。

3）脚手架搭设步距不应超过2m。

4）脚手架的竖向斜杆不应采用钢管扣件。

5）当标准型（B型）立杆荷载设计值大于40kN，或重型（Z型）立杆荷载设计值大于65kN时，脚手架顶层步距应比标准步距缩小0.5m。

（2）支撑架

1）支撑架的高宽比宜控制在3以内，高宽比大于3的支撑架应采取与既有结构进行刚性连接等抗倾覆措施。

2）对标准步距为1.5m的支撑架，应根据支撑架搭设高度、支撑架型号及立杆轴向力设计值进行竖向斜杆布置，竖向斜杆布置形式选用应符合表 2-6（B 型）、表 2-7（Z 型）的要求。

支撑架竖向斜杆布置形式（B 型）　　　　　　　　　　　　表 2-6

立杆轴力设计值 N（kN）	搭设高度 H（m）			
	H≤8	8<H≤16	16<H≤24	H>24
N≤25	间隔 3 跨	间隔 3 跨	间隔 2 跨	间隔 1 跨
25<N≤40	间隔 2 跨	间隔 1 跨	间隔 1 跨	间隔 1 跨
N>40	间隔 1 跨	间隔 1 跨	间隔 1 跨	每跨

支撑架竖向斜杆布置形式（Z 型）　　　　　　　　　　　　表 2-7

立杆轴力设计值 N（kN）	搭设高度 H（m）			
	H≤8	8<H<16	16<H≤24	H>24
N≤40	间隔 3 跨	间隔 3 跨	间隔 2 跨	间隔 1 跨
40<N≤65	间隔 2 跨	间隔 1 跨	间隔 1 跨	间隔 1 跨
N>65	间隔 1 跨	间隔 1 跨	间隔 1 跨	每跨

注：立杆轴力设计值和脚手架搭设高度为同一独立架体内的最大值。

3）竖向斜杆布置图（图 2-14～图 2-17）：

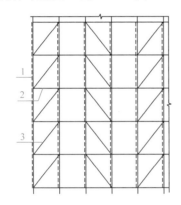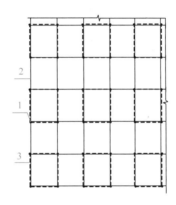

图 2-14　每跨形式支撑架斜杆设置

1—立杆；2—水平杆；3—竖向斜杆

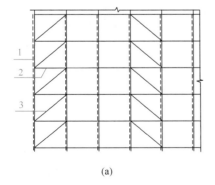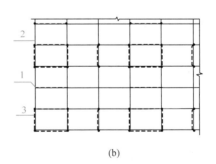

（a）　　　　　　　　　　　　　　　　　　（b）

图 2-15　每间隔 1 跨形式支撑架斜杆设置

（a）立面图；（b）平面图

1—立杆；2—水平杆；3—竖向斜杆

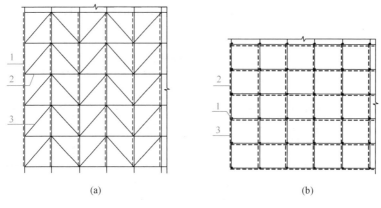

图 2-16 间隔 2 跨形式支撑架斜杆设置
（a）立面图；（b）平面图
1—立杆；2—水平杆；3—竖向斜杆

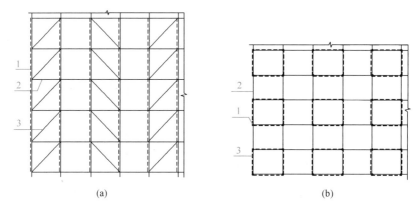

图 2-17 间隔 3 跨形式支撑架斜杆设置
（a）立面图；（b）平面图
1—立杆；2—水平杆；3—竖向斜杆

4）当支撑架搭设高度大于 16m 时，顶层步距内应每跨布置竖向斜杆。

5）支撑架可调托撑伸出顶层水平杆或双槽托梁中心线的悬臂长度不应超过 650mm，且丝杆外露长度不应超过 400mm，可调托撑插入立杆或双槽托梁长度不得小于 150mm。

6）支撑架可调底座丝杆插入立杆长度不得小于 150mm，丝杆外露长度不宜大于 300mm，作为扫地杆的最底层水平杆中心线距离可调底座的底板不应大于 550mm。

7）当支撑架搭设高度超过 8m、周围有既有建筑结构时，应沿高度每间隔 4～6 个步距与周围已建成的结构进行可靠拉结。

8）支撑架应沿高度每间隔 4～6 个标准步距设置水平剪刀撑，并应符合现行行业标准《建筑施工扣件式钢管脚手架安全技术规范》JGJ 130 中钢管水平剪刀撑的有关规定。

9）当以独立塔架形式搭设支撑架时，应沿高度每间隔 2～4 个步距与相邻的独立塔架水平拉结。

（3）作业架

1）作业架的高宽比宜控制在 3 以内；当作业架高宽比大于 3 时，应设置抛撑或缆风绳等抗倾覆措施。

2）当搭设双排外作业架时或搭设高度 24m 及以上时，应根据使用要求选择架体几何尺寸，相邻水平杆步距不宜大于 2m。

3）双排外作业架首层立杆宜采用不同长度的立杆交错布置，立杆底部宜配置可调底座或垫板。

4）当设置双排外作业架人行通道时，应在通道上部架设支撑横梁，横梁截面大小应按跨度以及承受的荷载计算确定，通道两侧作业架应加设斜杆；洞口顶部应铺设封闭的防护板，两侧应设置安全网；通行机动车的洞口，应设置安全警示标志和防撞设施。

5）双排作业架的外侧立面上应设置竖向斜杆，并应符合下列规定：

① 在脚手架的转角处、开口型脚手架端部应由架体底部至顶部连续设置斜杆；

② 应每隔不大于 4 跨设置一道竖向或斜向连续斜杆；当架体搭设高度在 24m 以上时，应每隔不大于 3 跨设置一道竖向斜杆；

③ 竖向斜杆应在双排作业架外侧相邻立杆间由底至顶连续设置。

6）连墙件的设置应符合下列规定：

① 连墙件应采用可承受拉、压荷载的刚性杆件，并应与建筑主体结构和架体连接牢固；

② 连墙件应靠近水平杆的盘扣节点设置；

③ 同一层连墙件宜在同一水平面，水平间距不应大于 3 跨；连墙件之上架体的悬臂高度不得超过 2 步；

④ 在架体的转角处或开口型双排脚手架的端部应按楼层设置，且竖向间距不应大于 4m；

⑤ 连墙件宜从底层第一道水平杆处开始设置；

⑥ 连墙件宜采用菱形布置，也可采用矩形布置；

⑦ 连墙点应均匀分布；

⑧ 当脚手架下部不能搭设连墙件时，宜外扩搭设多排脚手架并设置斜杆，形成外侧斜面状附加梯形架。

7）三角架与立杆连接及接触的地方，应沿三角架长度方向增设水平杆，相邻三角架应连接牢固。

4. 安装与拆除要求

（1）施工准备

1）脚手架施工前应根据施工现场情况、地基承载力、搭设高度编制专项施工方案，并应经审核批准后实施。

2）操作人员应经过专业技术培训和专业考试合格后，持证上岗。脚手架搭设前，应按专项施工方案的要求对操作人员进行技术和安全作业交底。

3）经验收合格的构配件应按品种、规格分类码放，并应标挂数量、规格铭牌。构配件堆放场地应排水畅通、无积水。

4）作业架连墙件、托架、悬挑梁固定螺栓或吊环等预埋件的设置，应按设计要求预埋。

5）脚手架搭设场地应平整、坚实，并应有排水措施。

（2）地基与基础

1）脚手架基础应按专项施工方案进行施工，并应按基础承载力要求进行验收，脚手架应在地基基础验收合格后搭设。

2）土层地基上的立杆下应采用可调底座和垫板，垫板的长度不宜少于2跨。

3）当地基高差较大时，可利用立杆节点位差配合可调底座进行调整。

（3）支撑架安装与拆除

1）支撑架立杆搭设位置应按专项施工方案放线确定。

2）支撑架搭设应根据立杆放置可调底座，应按"先立杆，后水平杆，再斜杆"的顺序搭设，形成基本的架体单元，并以此扩展搭设成整体脚手架体系。

3）可调底座应放置在定位线上，并应保持水平。若需铺设垫板，垫板应平整、无翘曲，不得采用已开裂木垫板。

4）在多层楼板上连续设置支撑架时，上下层支撑立杆宜在同一轴线上。

5）支撑架搭设完成后应对架体进行验收，并应确认符合专项施工方案要求后再进入下道工序施工。

6）可调底座和可调托撑安装完成后，立杆外表面应与可调螺母吻合，立杆外径与螺母台阶内径差不应大于2mm。

7）水平杆及斜杆插销安装完成后，应采用锤击方法抽查插销，连续下沉量不应大于3mm。

8）当架体吊装时，立杆间连接应增设立杆连接件。

9）架体搭设与拆除过程中，可调底座、可调托撑、基座等小型构件宜采用人工传递。吊装作业应由专人指挥，不得碰撞架体。

10）脚手架搭设完成后，立杆的垂直偏差不应大于支撑架总高度的1/500，且不得大于50mm。

11）拆除作业应按先装后拆、后装先拆的原则进行，应从顶层开始、逐层向下拆除，不得上下同时作业，不应抛掷。

12）当分段或分立面拆除时，应确定分界处的技术处理方案，分段后架体应稳定。

（4）作业架安装与拆除

1）作业架立杆应定位准确，并应配合施工进度搭设，双排外作业架一次搭设高度不应超过最上层连墙件两步，且自由高度不应大于4m。

2）双排外作业架连墙件应随脚手架高度上升，在规定位置处同步设置，不得滞后安装和任意拆除。

3）作业层设置应符合下列规定：

① 应满铺脚手板；

② 双排外作业架外侧应设挡脚板和防护栏杆，防护栏杆可在每层作业面立杆的0.5m和1.0m的连接盘处布置两道水平杆，并应在外侧满挂密目式安全网；

③ 作业层与主体结构间的空隙应设置水平防护网；

④ 当采用钢脚手板时，钢脚手板的挂钩应稳固扣在水平杆上，挂钩应处于锁住状态。

4）加固件、斜杆应与作业架同步搭设。当加固件、斜撑采用扣件钢管时，应符合现行行业标准《建筑施工扣件式钢管脚手架安全技术规范》JGJ 130 的有关规定。

5）作业架顶层的外侧防护栏杆高出顶层作业层的高度不应小于1500mm。

6）当立杆处于受拉状态时，立杆的套管连接接长部位应采用螺栓连接。

7）作业架应分段搭设、分段使用，应经验收合格后方可使用。

8）作业架应经单位工程负责人确认并签署拆除许可令后，方可拆除。

9）当作业架拆除时，应划出安全区，应设置警示标志，并应派专人看管。

10）拆除前应清理脚手架上的器具、多余的材料和杂物。

11）作业架拆除应按先装后拆、后装先拆的原则进行，不应上下同时作业。双排外脚手架连墙件应随脚手架逐层拆除，分段拆除的高度差不应大于两步。当作业条件限制，出现高度差大于两步时，应增设连墙件加固。

12）拆除至地面的脚手架及构配件应及时检查、维修及保养，并应按品种、规格分类存放。

5. 检查与验收要求

（1）对进入施工现场的脚手架构配件的检查与验收应符合下列规定：

1）应有脚手架产品标识及产品质量合格证、型式检验报告；

2）应有脚手架产品主技术参数及产品使用说明书；

3）当对脚手架及构件质量有疑问时，应进行质量抽检和整架试验。

（2）当出现下列情况之一时，支撑架应进行检查与验收：

1）基础完工后及支撑架搭设前；

2）超过 8m 的高支模每搭设完成 6m 高度后；

3）搭设高度达到设计高度后和混凝土浇筑前；

4）停用 1 个月以上，恢复使用前；

5）遇六级及以上强风、大雨及冻结的地基土解冻后。

（3）支撑架检查与验收应符合下列规定：

1）基础应符合设计要求，并应平整坚实，立杆与基础间应无松动、悬空现象，底座、支垫应符合相关规定；

2）搭设的架体应符合设计要求，搭设方法和斜杆、剪刀撑等设置应符合相关标准的规定；

3）可调托撑和可调底座伸出水平杆的悬臂长度应符合相关标准的规定；

4）水平杆扣接头、斜杆扣接头与连接盘的插销应销紧。

（4）当出现下列情况之一时，作业架应进行检查和验收：

1）基础完工后及作业架搭设前；

2）首段高度达到 6m 时；

3）架体随施工进度逐层升高时；

4）搭设高度达到设计高度后；

5）停用 1 个月以上，恢复使用前；

6）遇六级及以上强风、大雨及冻结的地基土解冻后。

（5）作业架检查与验收应符合下列规定：

1）搭设的架体应符合设计要求，斜杆或剪刀撑设置应符合相关标准的规定；

2）立杆基础不应有不均匀沉降，可调底座与基础面的接触不应有松动和悬空现象；

3）连墙件设置应符合设计要求，并应与主体结构、架体可靠连接；

4）外侧安全立网、内侧层间水平网的张挂及防护栏杆的设置应齐全、牢固；

5）周转使用的脚手架构配件使用前应进行外观检查，并应作记录；

6）搭设的施工记录和质量检查记录应及时、齐全；

7）水平杆扣接头、斜杆切接头与连接盘的插销应销紧。

6. 安全管理与维护要求

（1）脚手架搭设作业人员应正确佩戴使用安全帽、安全带和防滑鞋。

（2）应执行施工方案要求，遵循脚手架安装及拆除工艺流程。

（3）脚手架使用过程应明确专人管理。

（4）应控制作业层上的施工荷载，不得超过设计值。

（5）如需预压，荷载的分布应与设计方案一致。

（6）脚手架受荷过程中，应按对称、分层、分级的原则进行，不应集中堆载、卸载；并应派专人在安全区域内监测脚手架的工作状态。

（7）脚手架使用期间，不得擅自拆改架体结构杆件或在架体上增设其他设施。

（8）不得在脚手架基础影响范围内进行挖掘作业。

（9）在脚手架上进行电气焊作业时，应有防火措施和专人监护。

（10）脚手架应与架空输电线路保持安全距离，野外空旷地区搭设脚手架应按现行行业标准《施工现场临时用电安全技术规范》JGJ 46 的有关规定设置防雷措施。

（11）架体门洞、过车通道，应设置明显警示标识及防超限栏杆。

（12）脚手架工作区域内应整洁卫生，物料码放应整齐有序，通道应畅通。

（13）当遇有重大突发天气变化时，应提前做好防御措施。

任务 2.4　门式钢管脚手架

门式钢管脚手架是以门架、交叉支撑、连接棒、挂扣式脚手板或水平架、锁臂等组成基本结构，再设置水平加固杆、剪刀撑、扫地杆、封口杆、托座与底座，并采用连墙件与建筑物主体结构相连的一种标准化钢管脚手架，如图 2-18 所示。

1. 基本构造

（1）门架

门架是门式钢管脚手架的主要构件，由立杆、横杆及加强杆焊接组成，如图 2-19所示。

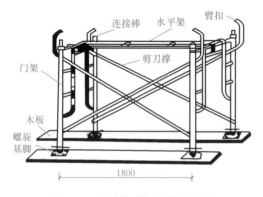

图 2-18　门式脚手架的基本组成

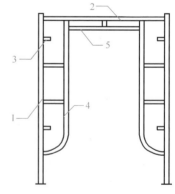

图 2-19　门架

1—立杆；2—横杆；3—锁销；

4—立杆加强杆；5—横杆加强杆

（2）其他构配件

门式钢管脚手架的其他构配件如图 2-20 所示，包括连接棒、锁臂、交叉支撑、水平架、挂扣式脚手板、底座与托座等。

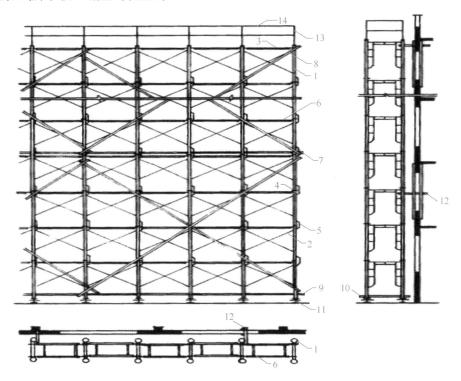

图 2-20　门式钢管脚手架的组成

1—门架；2—交叉支撑；3—脚手板；4—连接棒；5—锁臂；6—水平架；

7—水平加固杆；8—剪刀撑；9—扫地杆；10—封口杆；11—底座；

12—连墙件；13—栏杆；14—扶手

2. 构配件材质质量要求

（1）门架及其配件的规格、性能及质量应符合现行行业标准《门式钢管脚手架》JG/T 13 的规定，并应有出厂合格证明书及产品标志。

（2）水平加固杆、封口杆、扫地杆、剪刀撑及脚手架转角处连接杆等宜采用 $\phi42\times2.5$ mm 焊接钢管，也可采用 $\phi48\times3.5$ mm 焊接钢管，其材质在保证可焊性的条件下应符合现行国家标准《碳素结构钢》GB/T 700 中 Q235A 钢的规定，相应的扣件规格也应分别为 $\phi42$ mm、$\phi48$ mm。

（3）钢管应平直，平直度允许偏差为管长的 1/500；两端面应平整，不得有斜口、毛口；严禁使用有硬伤（硬弯、砸扁等）及严重锈蚀的钢管。

（4）连接外径 48mm 钢管的扣件的性能、质量应符合现行国家标准《钢管脚手架扣件》GB/T 15831 的规定，连接外径 42mm 与 48mm 钢管的扣件应有明显标记并按照现行国家标准《钢管脚手架扣件》GB/T 15831 中的有关规定执行。

（5）连墙件采用钢管、角钢等型钢时，其材质应符合现行国家标准《碳素结构钢》GB/T 700 中 Q235A 钢的要求。

3. 搭设与拆除的安全要求

（1）施工准备

1）脚手架搭设前，工程技术负责人应按相关规程和施工组织设计要求向搭设的使用人员做技术和安全作业要求的交底。

2）对门架、配件、加固件进行检查、验收；严禁使用不合格的门架、配件。

3）对脚手架的搭设场地应进行清理、平整，并做好排水。

（2）基础

1）地基基础施工应按施工组织设计要求进行。

2）基础上应先弹出门架立杆位置线，垫板、底座安放位置应准确。

（3）搭设

1）搭设门架及配件应符合下列规定：

① 在施工作业层外侧周边应设置 180mm 高的挡脚板和两道栏杆，上道栏杆高度应为 1.2m，下道栏杆应居中设置。挡脚板和栏杆均应设置在门架立杆的内侧。

② 交叉支撑、水平架、脚手板、连接棒和锁臂的设置应符合构造要求。

③ 不配套的门架与配件不得混合使用于同一脚手架。

④ 门架安装应自一端向另一端延伸，并逐层改变搭设方向，不得相对进行。搭完一步架后，应按相关规范要求进行检查并调整其水平度与垂直度。

⑤ 交叉支撑、水平架或脚手板应紧随门架的安装及时设置。

⑥ 连接门架与配件的锁臂、搭钩必须处于锁住状态。

⑦ 水平架或脚手板应在同一步内连续设置，脚手板应满铺。

⑧ 底层钢梯的底部应加设钢管并用扣件扣紧在门架的立杆上，钢梯的两侧均应设置扶手，每段梯可跨越两步或三步门架再行转折。

⑨ 栏板（杆）、挡脚板应设置在脚手架操作层外侧、门架立杆的内侧。

2）加固杆，剪刀撑等加固件的搭设除符合上述要求外，尚应符合下列规定：

① 加固杆、剪刀撑必须与脚手架同步搭设；

② 水平加固杆应设于门架立杆内侧，剪刀撑应设于门架立杆外侧并连牢。

3）连墙件的搭设应符合下列规定：

① 连墙件的搭设必须随脚手架搭设同步进行，严禁滞后设置或搭设完毕后补做；

② 当脚手架操作层高出相邻连墙件两步以上时，应采用确保脚手架稳定的临时拉结措施，直到连墙件搭设完毕后方可拆除；

③ 连墙件宜垂直于墙面，不得向上倾斜，连墙件埋入墙身的部分必须锚固可靠；

④ 连墙件应连于上、下两榀门架的接头附近。

4）加固件、连墙件等与门架采用扣件连接时应符合下列规定：

① 扣件规格应与所连钢管外径相匹配；

② 扣件螺栓拧紧扭力矩宜为 40～65N·m；

③ 各杆件端头伸出扣件盖板边缘长度不应小于 100mm。

5）脚手架应沿建筑物周围连续、同步搭设升高，在建筑物周围形成封闭结构；如不能封闭时，在脚手架两端应按相关规范增设连墙件。

（4）验收

1）脚手架搭设完毕或分段搭设完毕，应按相关规范对脚手架工程的质量进行检查，经检查合格后方可交付使用。

2）高度在 20m 及 20m 以下的门式钢管脚手架，应由单位工程施工单位负责组织技术安全人员进行检查验收；高度大于 20m 的脚手架，应由上一级技术负责人随工程进行分段组织工程负责人及有关的技术人员进行检查验收。

3）验收时应具备下列文件：

① 脚手架工程施工组织设计文件；

② 脚手架构配件的出厂合格证或质量分类合格标志；

③ 脚手架工程的施工记录及质量检查记录；

④ 脚手架搭设过程中出现的重要问题及处理记录；

⑤ 脚手架工程的施工验收报告。

4）脚手架工程验收，除查验收有关文件外，还应进行现场检查。检查应注重以下各项，并记入施工验收报告：

① 构配件和加固件是否齐全，质量是否合格，连接和挂扣是否紧固可靠；

② 安全网的张挂及扶手的设置是否齐全；

③ 基础是否平整坚实、支垫是否符合规定；

④ 连墙件的数量、位置和设置是否符合要求；

⑤ 垂直度及水平度是否合格。

5）脚手架搭设的垂直度与水平度允许偏差应符合表 2-8 的要求：

脚手架设垂直度与水平度允许偏差 （单位：mm）　　　　表 2-8

项目	允许偏差		项目	允许偏差	
垂直度	每步架	$h/300$ 及 ±6.0	水平度	一跨距内水平架两端高差	±5.0
	脚手架整体	$H/300$ 及 ±100.0		脚手架整体	±100

注：表中 h——步距；H——脚手架高度。

（5）拆除

1）脚手架经单位工程负责人检查验证并确认不再需要时，方可拆除。

2）拆除脚手架前，应清除脚手架上的材料、工具和杂物。

3）拆除脚手架时，应设置警戒区和警戒标志，并由专职人员负责警戒。

4）脚手架的拆除应在统一指挥下，按后装先拆、先装后拆的顺序及下列安全作业的要求进行：

① 脚手架的拆除应从一端走向另一端、自上而下逐层地进行；

② 同一层的构配件和加固件应按先上后下，先外后里的顺序进行，最后拆除连墙件；

③ 在拆除过程中，脚手架的自由悬臂高度不得超过两步，当必须超过两步时，应加设临时拉结；

④ 连墙杆、通长水平杆和剪刀撑等，必须在脚手架拆卸到相关的门架时方可拆除；

⑤ 工人必须站在临时设置的脚手板上进行拆卸作业，并按规定使用安全防护用品；

⑥ 拆除工作中，严禁使用榔头等硬物击打、撬挖，拆下的连接棒应放入袋内，锁臂应先传递至地面并放室内堆存；

⑦ 拆卸连接部件时，应先将锁座上的锁板与卡钩上的锁片旋转至开启位置，然后开始拆除，不得硬拉，严禁敲击；

⑧ 拆下的门架、钢管与配件，应成捆用机械吊运或由井架传送至地面，防止碰撞，严禁抛掷。

4. 安全管理与维护

（1）搭拆脚手架必须由专业架子工担任，并按《特种作业人员安全技术培训考核管理规定》考核合格持证上岗。上岗人员应定期进行体检，凡不适于高处作业者，不得上脚手架操作。

（2）搭拆脚手架时工人必须佩戴安全帽，系挂安全带，穿防滑鞋。

（3）操作层上施工荷载应符合设计要求，不得超载；不得在脚手架上集中堆放模板、钢筋等物件。严禁在脚手架上拉缆风绳或固定、架设混凝土泵、泵管及起重设备等。

（4）六级及以上大风和雨、雪、雾天应停止脚手架的搭设、拆除及施工作业。

（5）施工期间不得拆除下列杆件：交叉支撑、水平架、连墙件、加固杆件（如剪刀撑、水平加固杆、扫地杆、封口杆等）、栏杆。

（6）需要临时拆除交叉支撑或连墙件应经主管部门批准，并应符合下列规定：

1）交叉支撑只能在门架一侧局部拆除，临时拆除后，在拆除交叉支撑的门架上、下层面应满铺水平架或脚手板。作业完成后，应立即恢复拆除的交叉支撑；拆除时间较长时，还应加设扶手或安全网；

2）只能拆除个别连墙件，在拆除前、后应采取安全措施，并应在作业完成后立即恢复；不得在竖向或水平向同时拆除两个及两个以上连墙件。

（7）在脚手架基础和邻近区域严禁进行挖掘作业。

（8）临街搭设的脚手架外侧应有防护措施，以防坠物伤人。

（9）脚手架与架空输电线路的安全距离、工地临时用电线路架设及脚手架接地避雷措施等应按现行行业标准《施工现场临时用电安全技术规范》JGJ 46 的有关规定执行。

（10）沿脚手架外侧严禁任意攀登。

（11）对脚手架应设专人负责进行经常检查和保修工作。对高层脚手架应定期作门架、立杆、基础沉降检查，发现问题立即采取措施。

（12）拆下的门架及配件应清除杆件及螺纹上的沾污物，并按相关规范规定分类检验和维修，按品种、规格分类整理存放，妥善保管。

任务 2.5 附着式升降脚手架

附着式升降脚手架是一种在现场按特定的程序组装后，附着于建筑结构上、依靠自身升降设备，沿建筑物升降的一种新式脚手架，并安装了防倾覆、防坠落装置。其工效高，劳动强度低，整体性好，安全可靠，能节省大量周转材料，具有良好的经济和社会效益，在高层、超高层建筑结构施工中被广泛应用。但附着式升降脚手架附着于高层建筑结构上，依靠提升设备自行升降，具有较大的不确定因素，一旦控制措施不到位或失效，会造成重大事故。

1. 基本构造

附着式升降脚手架一般由竖向主框架、水平支撑桁架、架体构架、附着支承结构、防倾装置、防坠装置等组成。

（1）附着式升降脚手架结构构造的尺寸要求

1）架体结构高度不应大于 5 倍楼层高，架体每步步高宜取 1.8m。

2）架体宽度不应大于 1.2m。

3）直线布置的架体支承跨度不应大于 7m，折线或曲线布置的架体，相邻两主框架支承点处架体外侧距离不应大于 5.4m。

4）整体附着式升降脚手架架体的水平悬挑长度不得大于 2m 和 1/2 水平支承跨度；单片附着式升降脚手架架体的水平悬挑长度不得大于 1/4 水平支承跨度。

5）架体悬臂高度不应大于架体高度的 2/5，且不应大于 6m。

6）架体全高与支承跨度的乘积不应大于 110。

（2）附着升降脚手架的架体结构要求

1）应在附着支承结构部位设置与架体高度相等的与墙面垂直的定型竖向主框架，竖向主框架应是桁架或刚架结构。竖向主框架结构构造应符合现行标准《建筑施工工具式脚手架安全技术规范》JGJ 202 的相关规定。

2）竖向主框架的底部应设置水平支承桁架，其宽度应与主框架相同，平行于墙面，其高度不宜小于 1.8m。水平支承桁架结构构造应符合现行行业标准《建筑施工工具式脚手架安全技术规范》JGJ 202 的相关规定；水平支承桁架最底层应设置脚手板，并应铺满铺牢，与建筑物墙面之间也应设置脚手板全封闭，宜设置翻转的密封翻板。

3）架体内外立面应按跨设置剪刀撑，剪刀撑斜角为 45°～60°。

4）架体板内部应设置必要的竖向斜杆和水平斜杆，以确保架体结构的整体稳定性。

2. 安装安全要求

（1）安装的一般要求

1）对搭设脚手架的材料、构配件质量，应按进场批次分品种、规格进行检验，检验合格后方可使用。

2）脚手架材料、构配件质量现场检验应采用随机抽样的方法进行外观质量、实测实量检验。

3）附着式升降脚手架支座及防倾、防坠、荷载控制装置、悬挑脚手架悬挑结构件等涉及架体使用安全的构配件应全数检验。

4）附着式升降脚手架安装、使用前必须根据工程结构特点、施工环境、条件及施工要求编制施工组织设计和安全技术交底。并组织对操作工人进行附着式升降脚手架的组装、升降、拆除和安全技术等方面的详细书面交底。

5）凡从事附着式升降脚手架操作的操作人员，必须是经过按《特种作业人员安全技术培训考核管理规定》考核合格的专业架子工，且必须对操作人员按《附着式升降脚手架安全技术操作规程》和《建筑登高架设作业安全技术》进行培训，考试合格后才允许上岗操作。

6）对首次进行附着式升降脚手架操作的人员应进行身体检查，凡患有高血压、心脏病等不适宜高空作业者或酒后人员，不得上岗操作。

7) 附着式升降脚手架的连接螺栓组件，结构杆件、外侧防护钢丝网、内侧翻板等严禁随意拆除，若必须拆除的，要有相应的加固补强措施。

8) 附着式升降脚手架所有预留孔应按施工组织设计要求预留，确保孔位正确和畅通，预留孔中心误差应小于 30mm。

9) 螺栓、升降设备等易损件或传动构件每次周转使用前，都应进行逐件检查和保养。

10) 附着式升降脚手架的折叠单元间连接必须按要求全数装齐和拧紧，折叠单元的脚手板层高应根据主体结构层高预先对应调节安装好。

11) 附着式升降脚手架在每次升降以及拆除前应根据现场情况和施工组织设计中的要求对操作人员进行安全技术交底。

（2）安装时应符合下列规定：

1) 相邻竖向主框架的高差应不大于 20mm；

2) 竖向主框架和防倾导向装置的垂直偏差应不大于 5‰，且不得大于 60mm；

3) 预留穿墙螺栓孔和预埋件应垂直于建筑结构外表面，其中心误差应小于 15mm；

4) 连接处所需要的建筑结构混凝土强度应由计算确定，但不应小于 C15；

5) 升降机构连接应正确且牢固可靠；

6) 安全控制系统的设置和试运行效果符合设计要求；

7) 升降动力设备工作正常；

8) 附着支承结构的安装应符合设计要求，不得少装和使用不合格螺栓及连接件；

9) 安全保险装置应全部合格，安全防护设施应齐备，且应符合设计要求，并应设置必要的消防设施；

10) 电源、电缆及控制柜等的设置应符合现行行业标准《施工现场临时用电安全技术规范》JGJ 46 的有关规定；

11) 采用扣件式脚手架搭设的架体构架，其构造应符合现行行业标准《建筑施工扣件式钢管脚手架安全技术规范》JGJ 130 的要求；

12) 升降设备、同步控制系统及防坠落装置等专项设备，均应采用同一厂家产品；

13) 升降设备、控制系统、防坠落装置等应采取防雨、防砸、防尘等措施。

3. 检查与验收

脚手架安装过程中，应在下列阶段进行检查，检查合格后方可使用；不合格应进行整改，整改合格后方可使用。

（1）基础完工后及脚手架搭设前；

（2）首层水平杆搭设后；

（3）作业脚手架每搭设一个楼层高度；

（4）附着式升降脚手架支座、悬挑脚手架悬挑结构搭设固定后；

（5）附着式升降脚手架在每次提升前、提升就位后，以及每次下降前、下降就位后；

（6）外挂防护架在首次安装完毕、每次提升前、提升就位后；

（7）搭设支撑脚手架，高度每 2～4 步或不大于 6m。

脚手架搭设达到设计高度或安装就位后，应进行验收，验收不合格的，不得使用。脚手架的验收应包括下列内容：

（1）材料与构配件质量；

（2）搭设场地、支承结构件的固定；

（3）架体搭设质量；

（4）专项施工方案、产品合格证、使用说明及检测报告、检查记录、测试记录等技术资料。

4. 升降操作的安全要求

（1）附着式升降脚手架每次升降前，应按相关规范要求进行检查，经总包单位、分包单位、租赁单位、安装拆卸单位共同检查合格后，方可进行升降作业。

（2）升降操作应按升降作业程序和操作规程规进行作业；操作人员不得停留在架体上；升降过程中不得有施工荷载；所有妨碍升降的障碍物应拆除；所有影响升降作业的约束应解除。

（3）各相邻提升点间的高差不得大于 30mm，整体架最大升降差不得大于 80mm。

（4）升降过程中应实行统一指挥、规范指令。升、降指令只能由总指挥一人下达；当有异常情况出现时，任何人均可立即发出停止指令。

（5）当采用环链葫芦做升降动力时，应严密监视其运行情况，及时排除翻链、绞链和其他影响正常运行的故障。

（6）当采用液压升降设备做升降动力时，应排除液压系统的泄漏、失压、颤动、油缸爬行和不同步等问题和故障，确保正常工作。

（7）架体升降到位后，应及时按使用状况要求进行附着固定。在没有完成架体固定工作前，施工人员不得擅自离岗或下班。

（8）附着式升降脚手架架体升降到位固定后，应按相关规范要求进行检查验收，合格后方可使用；遇五级及以上大风和大雨、大雪、浓雾和雷雨等恶劣天气时，不得进行升降作业。

5. 使用时的安全要求

架体内的建筑垃圾和杂物应及时清理干净。附着式升降脚手架在使用过程中不得进行下列作业：

（1）当附着式升降脚手架停用超过三个月时，应提前采取加固措施；

（2）当附着式升降脚手架停用超过一个月或遇六级及以上大风后复工时，应进行检查，确认合格后方可使用；

（3）螺栓连接件、升降设备、防倾装置、防坠落装置、电控设备同步控制装置等应每月进行维护保养。

6. 拆除时的安全要求

（1）附着式升降脚手架架体拆除应按自上而下的顺序按步逐层进行，不应上下同时作业。

（2）同层杆件和构配件应按先外后内的顺序拆除；剪刀撑、斜撑杆等加固杆件应在拆卸至该部位杆件时拆除。

（3）作业脚手架连墙件应随架体逐层、同步拆除，不应先将连墙件整层或数层拆除后再拆架体。

（4）作业脚手架拆除作业过程中，当架体悬臂段高度超过 2 步时，应加设临时拉结。

（5）作业脚手架分段拆除时，应先对未拆除部分采取加固处理措施后再进行架体拆除。

（6）架体拆除作业应统一组织，并应设专人指挥，不得交叉作业。

（7）拆除前必须对拆除作业人员进行安全技术交底。

（8）拆除时应有可靠的防止人员与物料坠落的措施，拆除的材料及设备不得抛扔。

（9）拆除作业应在白天进行。遇五级及以上大风和大雨、大雪、浓雾和雷雨等恶劣天气时，不得进行拆卸作业。

案例分析

"3·21"附着式升降脚手架坠落事故

1. 事故的经过

2019年3月21日13时，我国某市某工程项目附着式升降脚手架有6作业人员在架子上作业，有7名员工在落地式脚手架上从事外墙抹灰作业（5名涉险）。在13时10分左右，101a号交联立塔东北角16.5～19层处附着式升降脚手架下降作业时发生坠落，坠落过程中与交联立塔底部的落地式脚手架相撞，造成7人死亡、4人受伤。事故造成直接经济损失约1038万元。

2. 事故直接原因

违规采用钢丝绳替代爬架提升支座，人为拆除爬架所有防坠器、防倾覆装置，并拔掉同步控制装置信号线，在架体邻近吊点荷载增大，引起局部损坏时，架体失去超载保护和停机功能，产生连锁反应，造成架体整体坠落，是事故发生的直接原因。作业人员违规在下降的架体上作业和在落地架上交叉作业是导致事故后果扩大的直接原因。

3. 事故间接原因

（1）项目管理混乱：①该工程电缆有限公司未认真履行统一协调、管理职责，现场安全管理混乱；②该项目安全员吕某兼任施工员删除爬架下降作业前检查验收表中监理单位签字栏；③项目经理欧某长期不在岗，安全员刘某充当现场实际负责人，冒充项目经理签字，相关方未采取有效措施予以制止；④项目部安全管理人员与劳务人员作业时间不一致，作业过程缺乏有效监督。

（2）违章指挥：①安全部门负责人肖某通过微信形式，指挥爬架施工人员拆除爬架部分防坠、防倾覆装置（实际已全部拆除），致使爬架失去防坠控制；②项目部工程部经理杨某、安全员吕某违章指挥爬架分包单位与劳务分包单位人员在爬架和落地架上同时作业；③在落地架未经验收合格的情况下，杨某违章指挥劳务分包单位人员上架从事外墙抹灰作业；④在爬架下降过程，杨某指挥劳务分包单位人员在架体上从事墙洞修补作业。

（3）工程项目存在挂靠、违法分包和架子工持假证等问题：①采用挂靠资质的方式承揽爬架工程项目；②违法将劳务作业发包给不具备资质的李某个人承揽；③爬架作业人员持有的架子工资格证书均存在伪造情况。

（4）工程监理不到位：①公司发现爬架在下降作业存在隐患的情况下，未采取有效措施予以制止；②公司未按住房和城乡建设部有关危大工程检查的相关要求检查爬架项目；③公司明知分包单位项目经理长期不在岗和相关人员冒充项目经理签字的情况下，未跟踪督促落实到位。

（5）监管责任落实不力：施工安全管理方面存在工作基础不牢固、隐患排查整治不彻底、安全风险化解不到位、危大工程管控不力，监管责任履行不深入、不细致，没有从严从实从细抓好建设工程安全监管各项工作。

鉴于上述原因分析，调查组认定，该起事故因违章指挥、违章作业、管理混乱引起，交叉作业导致事故后果扩大。事故等级为"较大事故"，事故性质为"生产安全责任事故"。

思 考 题

1. 调研本地区常见的脚手架，谈谈这些脚手架的安全注意事项。
2. 简述扣件式钢管脚手架搭设、使用和拆除的安全要求。
3. 简述承插型盘扣式钢管脚手架搭设、使用和拆除的安全要求。
4. 门式钢管脚手架有哪些安全隐患？如何避免这些安全隐患？
5. 请简述在使用附着式脚手架时应注意哪些安全事项？

学 习 鉴 定

一、填空题

1. 脚手架按用途分为：操作、_____、_____、_____。
2. 脚手架的搭设和拆除作业由专业架子工担任，并_____。
3. 脚手架停用超过_____月，应进行检查，确认安全后方可继续使用。
4. 作业脚手架同时满载作业的层数不超过_____。
5. 在脚手架基础和邻近区域严禁进行_____。
6. 当作业架高宽比大于 3 时，应设置_____或_____等抗倾覆措施。
7. 立杆接长除在顶层顶步可采用搭接外，其余各层各步必须采用_____。
8. 脚手架的拆除应在统一指挥下，按_____、_____的顺序进行。
9. 在多层楼板上连续设置支撑架时，上下层支撑立杆宜在_____。
10. 脚手架搭设作业人员应正确佩戴使用_____、_____和防滑鞋。

二、判断题

1. 搭设和拆除作业前，审核专项施工方案。 （　　）
2. 脚手板垂直墙面纵向铺设。脚手板满铺到位，不留空位。 （　　）
3. 脚手架应采用柔性连墙件与建筑物连接。 （　　）
4. 承插型盘扣式钢管脚手架的竖向斜杆不应采用钢管扣件。 （　　）
5. 连墙件宜靠近主节点设置，偏离主节点的距离不应大于 300mm。 （　　）
6. 斜道侧面及平台外侧应设置剪刀撑。 （　　）
7. 承插型盘扣式钢管脚手架，根据使用用途可分为支撑脚手架和作业脚手架。

（　　）

8. 承插型盘扣式钢管脚手架安装与拆除的准备，脚手架施工前应根据施工现场情况、地基承载力、搭设高度编制专项施工方案，并应经审核批准后实施。 （　　）
9. 脚手架承受的荷载应包括永久荷载和可变荷载。 （　　）

项目3 高处作业安全防护管理

掌握高处作业的概念及安全技术要求；掌握临边、洞口的防护要求；熟悉安全设施、安全防护用品的使用。

2021年1月18日，我国某省在建工地工人在粉刷外墙时发生高坠事故，造成一名作业人员死亡，直接经济损失约150万元。造成该事故的主要原因是高处作业的安全防护不到位。

任务3.1 高处作业的安全知识

随着高层、超高层建筑的增加，高处作业也越来越普遍。高处作业施工环境复杂多变，规律性不强，安全隐患会随着工作进度和作业面的变化而变化，所以高处坠落事故发生数一直居高不下，且致死率和致残率均较高。因此，减少和避免高处坠落事故的发生，是降低建筑业伤亡事故、落实安全生产的关键。

1. 高处作业的相关概念

（1）高处作业：按《高处作业分级》GB/T 3608—2008的相关规定，凡是坠落高度基准面2m以上（含2m）有可能坠落的高处进行的作业，均称为高处作业。在工程建设施工中，高处作业主要有临边作业、洞口作业、攀登作业、操作平台、悬空作业以及交叉作业等，如图3-1所示。

图3-1 高处作业

（2）坠落高度基准面：指通过可能坠落范围内最低处的水平面，它是确定高处作业高度的起始点。

（3）可能坠落范围半径：为确定可能坠落范围而规定的，用 R 表示。依据该值可以确定不同高处作业安全平网架设的宽度。

（4）高处作业分级：作业区各作业位置至相应坠落高度基准面垂直距离中的最大值，称为该作业区的高处作业高度，用 H 表示。高处作业高度是确定高处作业危险性高低的依据，按作业高度不同，国家标准将高处作业分为 2～5m、5～15m、15～30m 及大于 30m 四级，如图 3-2 所示。

高处作业分级

高处作业的级别及坠落半径。

1.一级高处作业：作业高度在 2～5m，坠落半径为3m。

2.二级高处作业：作业高度在 5～15m，坠落半径为4m。

3.三级高处作业：作业高度在15～30m，坠落半径为5m。

4.四级高处作业：作业高度在30m以上，坠落半径为6m。

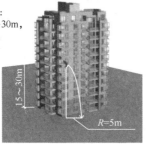
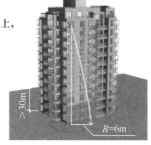

图 3-2　高处作业分级

2. 高处作业的分类

根据《高处作业分级》GB/T 3608—2008 的规定：高处作业分为 A、B 两类。其中，符合以下十类而直接引起坠落的客观危险因素之一的高处作业，为 B 类高处作业：

（1）阵风风力五级（风速 8.0m/s）以上的作业；

（2）Ⅱ级及以上的高温作业；

（3）平均气温等于或低于 5℃ 的环境中的作业；

（4）接触冷水温度等于或低于 12℃ 的作业；

（5）作业场地有冰、雪、霜、水、油等易滑物的作业；

（6）作业场所光线不足，能见度差的作业；

（7）作业活动范围与危险电压带电体的距离小于表 3-1 规定的作业；

作业活动范围与危险电压带电体的距离　　　　　　　　　　　　表 3-1

危险电压带电体的等级（kV）	距离（m）	危险电压带电体的等级（kV）	距离（m）
≤10	1.7	220	4.0
35	2.0	330	5.0
63～110	2.5	500	6.0

（8）摆动，或立足处不是平面或只有很小的平面，即任一边小于 500mm 的矩形平面、直径小于 500mm 的圆形平面或具有类似尺寸的其他形状的平面，致使作业者无法维持正常姿势作业；

（9）存在有毒气体或空气中含氧量低于 0.195 环境中的作业；

（10）可能引起各种灾害事故的作业和抢救突然发生的各种灾害事故的作业。

不存在以上列举的其他客观危险因素的高度作业就是 A 类高处作业。

任务 3.2　临边与洞口作业安全防护

1. 临边作业的安全防护

在施工现场，当工作面的边沿没有围护设施，或虽有围护设施，但其高度低于 800mm 时，这类作业称为临边作业。如深度超过 2m 的槽、坑、沟的周边；无外脚手架的屋面和框架结构楼层的周边；井字架、龙门架、外用电梯和脚手架与建筑物的通道两侧边；楼梯口的梯段边；尚未安装栏板、栏杆的阳台、料台、悬挑平台的周边等都属于临边作业。

临边作业的防护是施工中防止人、物坠落伤人的重点部位。临边的防护，一般是设两道防护栏杆，并加密目式安全立网或工具式栏板封闭。

（1）施工的楼梯口、楼梯平台和梯段边，应安装防护栏杆；外设楼梯口、楼梯平台和梯段边还应采用密目式安全立网封闭。

（2）建筑物外围边沿处，对没有设置外脚手架的工程，应设置防护栏杆；对有外脚手架的工程，应采用密目式安全立网全封闭。密目式安全立网应设置在脚手架外侧立杆上，并应与脚手杆紧密连接。

（3）施工升降机、龙门架和井架物料提升机等在建筑物间设置的停层平台两侧边，应设置防护栏杆、挡脚板，并应采用密目式安全立网或工具式栏板封闭。

（4）停层平台口应设置高度不低于 1.8m 的楼层防护门，并应设置防外开装置。井架物料提升机通道中间，应分别设置隔离设施。

其常见的防护如图 3-3、图 3-4 所示。

图 3-3　屋面楼层临边防护栏杆

2. 洞口作业的安全防护

在地面、楼面、屋面和墙面等有可能使人和物料坠落，其坠落高度大于或等于 2m 的洞口处的高处作业，称为洞口作业。常见的洞口有楼梯口、电梯井口、通道口、预留洞口，这就是施工中常称的"四口"。

（1）楼梯口的安全防护

在楼梯口处设两道防护栏杆或制作专用的防护架，如图 3-5 所示，随层架设。

图 3-4　基坑临边防护　　　　　　　　　　图 3-5　楼梯口安全防护

（2）电梯井口的安全防护

在电梯井口处设置不低于 1.5m 的金属防护门，防护门底端距地面高度不应大于 50mm，并应设置挡脚板。在电梯施工前，电梯井道内首层以上，每隔两层且不大于 10m 设一道水平安全网，安全网应封闭严密。电梯井内的施工层上部，应设置隔离防护设施。未经上级主管技术部门批准，电梯井内不得做垂直运输通道或垃圾通道。如井内已搭设安装电梯的脚手架，其脚手板可花铺，但每隔四层应满铺脚手板。电梯井必须每层设置硬防护。电梯井水平硬防护必须牢固可靠，严禁电梯井四角存在悬空模板。电梯井水平防护拆除应自上而下进行，拆除完成后应及时与后续施工单位现场确认，并办理移交。如图 3-6、图 3-7 所示。

图 3-6　电梯井口工具式效果防护图

（3）通道口的安全防护

通道口是指建（构）筑物首层供施工人员进出建（构）筑物的通道出入口。其防护标准是：在建筑物的出入口搭设长 3～6m、两侧宽于通道各 1m 的防护棚，棚顶应满铺不小于 5mm 厚的脚手板，非出入口和出入口通道两侧必须封严，严禁人员出入。

施工现场通道口附近的各类洞口与坑槽处，除设置防护设施与安全标志外，夜间还应设红灯示警，如图 3-8 所示。

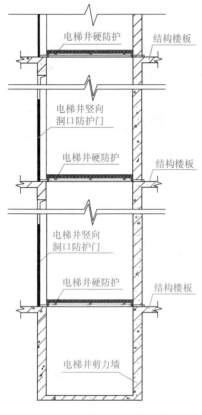

图 3-7 电梯井口安全防护

（4）预留洞口的防护

预留洞口是指在建（构）筑物中预留的各种设备管道、通风口的孔洞。其防护标准是：1.5m×1.5m 以下的孔洞，应设置以扣件连接钢管而成的网格，并满铺脚手板。洞口盖板应能承受不小于 1kN 的集中荷载和不小于 2kN/m² 的均布荷载，有特殊要求的盖板应另行设计。1.5m×1.5m 以上的孔洞，四周必须设两道高度不小于 1.2m 防护栏杆，中间支挂安全平网，洞口应设置警示标志，夜间应设红灯警示，如图 3-9 所示。洞口作业时，应采取防坠落措施，并应符合下列规定：

1）当竖向洞口短边边长小于 500mm 时，应采取封堵措施；当垂直洞口短边边长大于或等于 500mm 时，应在临空一侧设置高度不小于 1.2m 的防护栏杆，并应采用密目式安全立网或工具式栏板封闭，设置挡脚板；

2）当非竖向洞口短边边长为 25～500mm 时，应采用承载力满足使用要求的盖板覆盖，盖板四周搁置应均衡，且应防止盖板移位；

3）当非竖向洞口短边边长为 500～1500mm 时，应采用盖板覆盖或防护栏杆等措施，并应固定牢固；

4）当非竖向洞口短边边长大于或等于 1500mm 时，应在洞口作业侧设置高度不小于 1.2m 的防护栏杆，洞口应采用安全平网封闭；

5）墙面等处落地的竖向洞口、窗台高度低于 800mm 的竖向洞口及框架结构在浇筑完混凝土未砌筑墙体时的洞口，应按临边防护要求设置防护栏杆。

图 3-8 通道口的安全防护

图 3-9 预留洞口安全防护

任务 3.3 攀登与悬空高处作业安全防护

1. 攀登高处作业安全防护

借助登高用具或登高设施，在攀登的条件下进行的高处作业，称为攀登作业。攀登作业危险性大，在施工作业中都应严格按照以下规定操作，防止安全事故发生。攀登高处作业安全防护如图 3-10 所示。

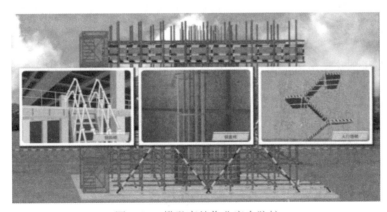

图 3-10 攀登高处作业安全防护

（1）攀登作业设施和用具应牢固可靠；当采用梯子攀爬时，踏面荷载不应大于 1.1kN；当梯面有特殊作业时，应按实际情况进行专项设计。

（2）同一梯子上不得两人同时作业。在通道处使用梯子作业时，应有专人监护或设置围栏。脚手架操作层上严禁架设梯子作业，如图 3-11 所示。

图 3-11　攀登高处作业错误操作

（3）上下梯子时，必须面向梯子，且不得手持器物。

（4）梯脚底部应坚实，不得垫高使用。梯子的上端应有固定措施。

（5）固定式直梯应采用金属材料制成，并应符合现行国家标准的规定。梯子净宽应为 400～600mm，固定直梯的支撑应采用不小于 L70×6 的角钢，埋设与焊接应牢固。直梯顶端的踏步应与攀登顶面齐平，并应加设 1.1～1.5m 高的扶手。

（6）使用固定式直梯攀登作业时，当攀登高度超过 3m 时，宜加设护笼；当攀登高度超过 8m 时，应设置梯间平台。

（7）移动式梯子宜采用金属材料或木材制作，除新梯子按现行国家标准验收其质量外，还应经常性地对施工现场所使用的各类梯子进行检查和维修。

（8）使用单梯时梯面应与水平面成 75°夹角，踏步不得缺失，梯格间距宜为 300mm，不得垫高使用。

（9）钢结构安装时，应使用梯子或其他登高设施攀登作业。坠落高度超过 2m 时，应设置操作平台。

（10）当安装屋架时，应在屋脊处设置扶梯。扶梯踏步间距不应大于 400mm。屋架杆件安装时搭设的操作平台，应设置防护栏杆或使用作业人员挂挂安全带的安全绳。

（11）深基坑施工应设置扶梯、入坑踏步及专用载人设备或斜道等设施。采用斜道时，应加设间距不大于 400mm 的防滑条等防滑措施。作业人员严禁沿坑壁、支撑或乘运土工具上下。

（12）攀登作业使用安全带时应采用防坠器，其使用应符合下列规定：

1）防坠器应选用符合现行国家标准《坠落防护 速差自控器》GB 24544 的合格产品；

2）防坠器应在攀爬的最高点设置可靠的连接，可借助钢管预埋锚环、钢构件上焊接拉环等进行连接；

3）防坠器宜配合攀爬助力装置使用。

2. 悬空作业安全防护

在周边无任何防护设施或防护设施不能满足防护要求的临空状态下进行的高处作业，称为悬空作业。

（1）悬空作业的基本安全要求

1）悬空作业的立足处的设置应牢固，应配置登高和防坠落装置和设施，如防护栏网、栏杆或其他安全设施。

2）严禁在未固定、无防护设施的构件及管道上进行作业或通行。

3）悬空作业所用的索具、脚手板、吊篮、吊笼、平台等设备，需经鉴定检查合格后才能使用。

（2）构件吊装和管道安装悬空作业的安全要求

1）钢结构吊装，构件宜在地面组装，安全设施应一并设置。

2）吊装钢筋混凝土屋架、梁、柱等大型构件前，应在构件上预先设置登高通道、操作立足点等安全设施。

3）在高空安装大模板、吊装第一块预制构件或单独的大中型预制构件时，应站在作业平台上操作。

4）钢结构安装施工宜在施工层搭设水平通道，水平通道两侧应设置防护栏杆；当利用钢梁作为水平通道时，应在钢梁一侧设置连续的安全绳，安全绳宜采用钢丝绳。

5）钢结构、管道等安装施工的安全防护宜采用工具化、定型化设施。

（3）模板支撑体系搭设和拆卸时悬空作业的安全要求

1）模板支撑的拆卸应严格按照施工组织设计的措施进行，不得在上下同一垂直面上同时装拆模板。

2）在坠落基准面 2m 及以上高处搭设与拆除柱模板及悬挑结构的模板时，应设置操作平台。

3）在进行高处拆模作业时应配置登高用具或搭设支架，并设置警戒区域，由专人看管。

（4）钢筋绑扎悬空作业时的安全要求

1）绑扎立柱和墙体钢筋，不得沿钢筋骨架攀登或站在骨架上作业。

2）绑扎圈梁、挑梁、挑檐、外墙和边柱等钢筋时，应搭设操作台架和张挂安全网。

3）悬空大梁钢筋的绑扎，必须在满铺脚手板的支架或操作平台上操作。

4）在深坑或较密的钢筋中绑扎钢筋时，应采用低压电源进行照明，严禁将高压电线悬挂在钢筋上。

（5）混凝土浇筑与结构施工悬空作业的安全要求

1）浇筑高度 2m 及以上的混凝土结构构件时，应设置脚手架或操作平台。

2）悬挑的混凝土梁和檐、外墙和边柱等结构施工时，应搭设脚手架或操作平台。

（6）屋面作业的安全要求

1）在坡度大于 25° 的屋面上作业，当无外脚手架时，应在屋檐边设置不低于 1.5m 高的防护栏杆，并应采用密目式安全立网全封闭，如图 3-12 所示。

2）在轻质型材等屋面上作业，应搭设临时走道板，不得在轻质型材上行走；安装轻质型材板前，应采取在梁下支设安全平网或搭设脚手架等安全防护措施。

（7）外墙作业的安全要求

1）门窗作业时，操作人员的重心应位于室内，应有防坠落措施。操作人员在无安全防护措施时，不得站立在樘子、阳台栏板上作业，高处临边作业必须正确系挂安全带。

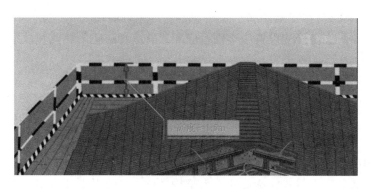

图 3-12   坡度大于 25°的屋面防护

2）高处作业不得使用座板式单人吊具，不得使用自制吊篮。

任务 3.4   操作平台与交叉作业安全防护

1. 操作平台安全防护

操作平台是指由钢管、型钢及其他等效性能材料组装搭设制作的供施工现场高处作业和载物的平台，包括移动式、悬挑式等平台。操作平台的安全性能直接影响操作人员的安危，严禁出现大于 150mm 的探头板，并应布置登高扶梯（图 3-13）。

图 3-13   操作平台安全防护

（1）操作平台安全防护的基本要求

1）操作平台应通过设计计算，并编制专项方案，架体构造与材质应满足现行国家相关标准的规定。

2）操作平台的架设材料应符合国家标准。平台面铺设的钢、木或竹胶合板等材质的脚手板，应符合材质和承载力要求，并应平整满铺可靠固定。

3）操作平台的临边应设置防护栏杆，单独设置的操作平台应设置供人上下、踏步间距不大于 400mm 的扶梯。

4）应在操作平台明显位置设置标明允许负载值的限载牌及限定允许的作业人数，物料应及时转运，不得超重、超高堆放。

5）操作平台使用中每月不少于 1 次定期检查，由专人进行日常维护工作，及时消除安全隐患。

（2）移动式操作平台的安全要求

1）移动式操作平台面积不宜大于 $10m^2$，高度不宜大于 5m，高宽比不应大于 2：1，施工荷载不应大于 $1.5kN/m^2$。

2）移动式操作平台的轮子与平台架体应连接牢固，立柱底端离地面不得大于 80mm，行走轮和导向轮应配有制动器或刹车闸等自动措施。

3）移动式行走轮承载力不应小于 5kN，制动力矩不应小于 $2.5N\cdot m$，移动式操作平台架体应保持垂直，不得弯曲变形，制动器除在移动情况下，均应保持制动状态。

4）移动式操作平台移动时，操作平台上不得站人。

5）操作平台四周须按临边作业要求设置防护栏杆，安装登高扶梯。

6）移动式操作平台如图 3-14 所示。

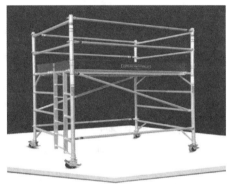

图 3-14　移动式操作平台

（3）悬挑式操作平台的安全要求

1）操作平台的搁置点、拉结点、支撑点应设置在稳定的主体结构上，应可靠连接。

2）严禁将操作平台设置在临时设施上。

3）操作平台的悬挑长度不宜大于 5m，均布荷载不应大于 $5.5kN/m^2$，集中荷载不应大于 15kN，悬挑梁应锚固。

4）采用斜拉方式的悬挑式操作平台，平台两侧的连接吊环应与前后两道斜拉钢丝绳连接，每一道钢丝绳应能承载该侧所有荷载。

5）采用支承方式的悬挑式操作平台，应在钢平台下方设置不少于两道斜撑，斜撑的一端应支承在钢平台主结构钢梁下，另一端应支承在建筑物主体结构。

6）采用悬臂梁式的操作平台，应采用型钢制作悬挑梁或悬挑桁架，不得使用钢管，其节点应采用螺栓或焊接的刚性节点。当平台板上的主梁采用与主体结构预埋件焊接时，预埋件、焊缝均应经设计计算，建筑主体结构应同时满足强度要求。

7）悬挑式操作平台应设置 4 个吊环，吊运时应使用卡环，不得使吊钩直接钩挂吊环。吊环应按通用吊环或起重吊环设计，并应满足强度要求。

8）悬挑式操作平台安装时，钢丝绳应采用专用的钢丝绳夹连接，钢丝绳夹数量应与钢丝绳直径相匹配，且不得少于 4 个。建筑物锐角、利口周围系钢丝绳处应加软垫物。

9）悬挑式操作平台的外侧应高于内侧，外侧应安装防护栏杆并应设置防护挡板全封闭。

10）人员不得在悬挑操作平台吊运、安装时上下。

2. 交叉高处作业

垂直空间贯通状态下，可能造成人员或物体坠落，并处于坠落半径范围内、上下左右不同层面的立体作业，称为交叉作业。交叉作业时，须满足以下安全要求：

（1）交叉作业时，下层作业位置应处于上层作业的坠落半径之外，高空作业坠落半径应按表3-2确定。安全防护棚和警戒隔离区范围的设置应视上层作业高度确定，并大于坠落半径。

坠落半径

表 3-2

序号	上层作业高度（h_b）	坠落半径（m）
1	$2 \leqslant h_b \leqslant 5$	3
2	$5 < h_b \leqslant 15$	4
3	$15 < h_b \leqslant 30$	5
4	$h_b > 30$	6

（2）交叉作业时，坠落半径内应设置安全防护棚或安全防护网等安全隔离措施。

（3）处于起重臂架回转范围内的通道，应搭设安全防护棚。

（4）施工现场人员进出的通道口，应搭设安全防护棚。

（5）不得在安全防护棚棚顶堆放物料。

（6）当采用脚手架搭设安全防护棚构架时，应符合国家现行相关脚手架标准的规定。

（7）对不搭设脚手架和设置安全防护棚时的交叉作业，应设置安全防护网，当在多层、高层建筑外立面施工时，应在二层及每隔四层设一道固定的安全防护网，同时设一道随施工高度提升的安全防护网。

任务 3.5　安全生产"三宝"及个人防护用品

安全生产"三宝"是指建筑施工防护使用的安全网、个人防护用的安全带和安全帽。

1. 安全网

安全网是用来防止人、物坠落，或用来避免、减轻坠落物体打击伤害的网具。正确地使用安全网，可以有效地避免高空坠落、物体打击事故的发生。其材质、规格、物理性能、耐火性、阻燃性应符合现行国家标准《安全网》GB 5725 的相关规定，如图 3-15 所示。

（1）安全网的构造及分类

1）安全网的构造

安全网一般由网体、系绳、筋绳、边绳等组成。

2）安全网的分类

① 根据安装形式和使用目的不同分平网、立网和密目式安全立网平网：网的安装平面基本平行于水平面，主要用来承接坠落的人和物的安全网称为平网，又称水平网。

立网：安装平面垂直于水平面，主要用来防止人或物坠落的安全网称为立网。密目式安全立网：网目密度应为 10cm×10cm 面积上大于或等于 2000 目，垂直于水平面安装，

图 3-15 　安全网

用于防止人员坠落及坠落物伤害的网，一般由网体、开眼环扣、边绳和附加系绳等组成。

② 根据材料分类

安全网绳的材料多为锦纶、涤纶、维纶等，丙纶因为性能不稳定，严禁使用。

（2）技术要求

1）各种安全网绳的湿干强力比不得低于 75%。

2）平网的宽度不得小于 3m，立网的高度不得小于 1.2m，每张网不宜超过 15kg。

3）菱形或方形网目的安全网，网目边长不得大于 80mm。

4）边绳与网体的连接必须牢固，其直径至少为网绳直径的 3 倍，并不得小于 7mm。平网边绳断裂强度不得低于 7000N；立网边绳断裂强度不得低于 3000N。系绳的直径和断裂强度与边绳相同。

5）网绳的直径和断裂强度应根据安全网的材料、结构形式、网口大小等因素合理选用，断裂强度应符合相应的产品标准。

6）筋绳分布必须合理，相邻两根筋绳的最小距离不得小于 300mm。每根筋绳的断裂强度不得低于 3000N。安全网上的所有绳结或节点必须固定。

7）每张安全网出厂时，必须有国家指定的监督检验部门批量验证和工厂检验合格证。

8）安全网在储运中，必须通风、遮光、隔热，同时要避免化学品的侵蚀。

（3）安全网的使用规则和支搭方法

1）使用规则

① 新网必须有产品质量检验合格证，旧网必须有允许使用的证明书或合格的检查记录。

② 安装时，在每个系结点上，边绳应与支撑物（架）靠紧，并用一根独立的系绳连接。系结点应打结方便、连接牢固且容易解开，受力后又不会散脱的原则。有筋绳的网在安装时，也必须把筋绳连接在支撑物（架）上。

③ 多张网连接使用时，相邻部分应靠紧或重叠，并用连接绳将相邻两张网连接，连接绳的材料与网相同，强度不得低于其网绳强度。

④ 安装平网时，除按上述要求外，还要遵守支搭安全网的"三要素"，即：负载高度、网的宽度、缓冲距离的有关规定。

网的负载高度一般不超过 6m，最大不超过 10m，并必须附加钢丝绳缓冲安全措施。

网的宽度：设作业区各作业位置至坠落基准面之间垂直距离中的最大值为 H，相应网宽为 C，则见表 3-3。

安全网的宽度与垂直距离的关系　　　　　　　　　　　　　　表 3-3

垂直距离（m）	$H≤5$	$5≤H≤25$	$H≥25$
网的宽度（m）	2.5	3.0	6.0

缓冲距离：网底距下方物体表面的垂直距离为缓冲距离，其规定见表 3-4。

安全网的缓冲距离与网宽关系　　　　　　　　　　　　　　　表 3-4

安全网宽度（m）	3	6
安全网的缓冲距离（m）	≥3	≥5

⑤ 安装安全网时，除必须满足上述①、②、③的要求外，安装平面应与水平面垂直，立网底部必须与脚手架全部封严。

⑥ 要保证安全网受力均匀。必须经常清理网上落物，网内不得有积物。

⑦ 安全网安装后，必须设专人检查验收，确认合格并签字后方能使用。

⑧ 拆除安全网必须在有经验人员的严格监督下进行。拆网应自上而下进行，同时要采取防坠落措施。

⑨ 安全网支搭标准还规定：在施工工程的电梯井、采光井、螺旋式电梯口，除必须设防护门（栏）外，还应在井口内首层，并每隔 4 层固定一道安全网；烟囱、水塔等独立体构筑物施工时，要在里、外脚手架的外围固定一道 6m 宽的双层安全网；井内应设一道安全网。

2）水平网的支搭方法

建筑工程施工根据作业环境和作业高度，水平安全网分为首层网、层面网和随层网 3 种，各种水平网的支搭方法如下：

① 首层网支搭

首层水平网是施工时，在房屋外围地面以上的第一层安全网。作用是防止人、物坠落，支搭必须坚固、可靠。高度在 4m 以上的建筑物，首层四周必须支搭固定 3m 宽的水平安全网。

首层网的支搭方法：可以与外脚手架连在一起，固定平网的挑架应与外脚手架连接牢固，外脚手架的立杆应埋入土中 500mm。平网应外高里低，一般以 15° 为宜，网不宜绷挂，应用钢丝绳与挑梁绷挂牢固，高度超过 20m 的高层建筑支搭宽度为 6m 的水平网，高层建筑外无脚手架时，水平网可以直接在结构外墙搭网架，网架的立杆必须埋入土中 500mm 或下垫 50mm 厚的木地板。立杆与立杆的纵向间距不大于 2m。挑网架端用钢丝绳将网绷挂。

首层网的要求：坚固可靠，立杆受力后不变形；网底和网周围空间不准有脚手架，以免人坠落时碰上钢管；水平网下面不准堆放建筑材料，以保持足够的空间；网的接口处必须连接严密，与建筑物之间的缝隙不大于 100mm。

② 层面网支搭

高层建筑除支搭首层安全网外，每隔 4 层还应固定一道 3m 宽的层面水平网。层面网的支撑可在结构墙上预留孔洞，固定大横杆；也可以利用窗洞来支撑斜杆和固定大横杆。网的外缘一般用普通的钢丝绳与网架绷挂。在建筑物的转角处，如有固定直杆的地方，就用两根直杆连接支撑水平安全网；没有固定直杆的地方，可以用抱角架子支撑。这种抱角架子，通常在地面组装好，然后用塔式起重机（塔吊）吊至需要的地方安装固定。

支搭高层安全网比较困难和危险，一定要选派有经验的架子工，人在吊篮内由塔吊吊至工作面进行搭设和安装。

③ 随层网支搭

随层网是在作业层下一步架搭设的水平安全网，它随作业层的上升而上升，作用是防止人员坠落。支搭方法同层面网。

作业面应随层设立网，立网的底部必须与脚手架全部封严，以防施工杂物坠落伤人。

2. 安全带

安全带是在高处作业、攀登及悬吊作业中固定作业人员位置、防止作业人员发生坠落或发生坠落后将作业人员安全悬挂的个体坠落防护装备的系统。坚持正确使用、佩戴，是降低建筑施工伤亡事故的有效措施。

国家规定 2m 以上的悬空作业必须使用安全带（图 3-16）。安全带必须经过静负荷试验和冲击试验合格以后，方可使用。

图 3-16　安全带

（1）安全带的构造

安全带由带子、绳子和金属配件组成。

（2）安全带的分类

安全带按作业类别分为区域限制用安全带、围杆作业用安全带、坠落悬挂用安全带。

（3）安全带的标记

安全带的标记由安全带作业类别及附加功能两部分组成：

1）安全带作业类别：区域限制用字母 Q 表示、围杆作业用字母 W 表示、坠落悬挂用字母 Z 表示。

2）安全带附加功能：防静电功能用字母 E 表示、阻燃功能用字母 F 代表、救援功能用字母 R 代表、耐化学品功能用字母 C 表示。

3）安全带的标记应以汉字或字母的形式明示于产品上。

（4）安全带的技术要求

1）安全带中使用的零部件应圆滑，不应有锋利边缘，与织带接触的部分应采用圆角过渡。

2）安全带中使用的动物皮革不应有接缝。

3）安全带中的织带应为整根，同一织带两连接点之间不应有接缝。

4）安全带中的主带扎紧扣可靠，不应意外开启，不应对织带造成损伤。

5）安全带中的腰带应与护腰带同时使用。

6）安全带中所使用的缝纫线不应同被缝纫材料起化学反应，颜色应与被缝纫材料有明显区别。

7）安全带中与系带连接的安全绳在设计结构中不应出现打结。

8）安全带中的安全绳在与连接器连接时应增加支架或垫层。

（5）安全带的使用

1）安全带必须有产品检验合格证，否则不得使用。安全带使用2年后应抽检1次，若冲击试验合格，该批安全带可以继续使用。安全带的使用期为3～5年，平时对使用频繁的绳，要经常做外观检查，发现异常情况，应提前报废。

2）安全带使用时应高挂低用，注意防止摆动和碰撞。若安全带低挂高用，一旦发生坠落，将增加其冲击力，增加坠落危险。安全绳的长度控制在1.2～2m，使用3m以上的长绳应加缓冲器。不准将绳打结使用，也不准将钩直接挂在安全绳上使用，挂钩应挂在连接环上。安全带上的各种部件不得任意拆掉，如图3-17所示。

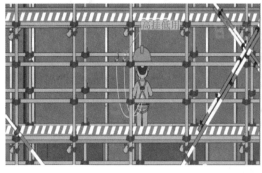

调整好安全带的金属扣和系带

把安全绳扎在系带上，不使其垂吊在外，以防绊脚

图3-17 安全带的正确使用

3. 安全帽

安全帽主要用来保护使用者的头部，减轻撞击伤害，以保证进入建筑施工现场人员的安全。

（1）安全帽的组成

安全帽应符合《头部防护 安全帽》GB 2811—2019的规定，安全帽由帽壳、帽衬、下颚带、锁紧卡等部分组成。每一顶安全帽上都应有四项永久性标志：制造厂名称、商标、型号；制造年月；生产合格证和检验证；生产许可证编号，如图3-18所示。

（2）安全帽的分类

1）安全帽按性能分为普通型（P）和特殊型（T）。普通型安全帽是用于一般作业场所，具备基本防护性能的安全帽产品；特殊型安全帽是除具备基本防护性能外，还具备一

图 3-18　安全帽

项或多项特殊性能的安全帽产品，适用于与其性能相应的特殊作业场所。

2）带有电绝缘性能的特殊型安全帽按耐受电压大小分为 G 级和 E 级。G 级电绝缘测试电压为 2200V，E 级电绝缘测试电压为 20000V。

（3）安全帽的正确佩戴

正确佩戴安全帽可以有效地降低施工现场的事故发生频率，有很多事故都是因为进入施工现场的人未佩戴安全帽或未正确佩戴安全帽而引起的。

1）不同颜色安全帽的选用。不同的角色应选择不同颜色的安全帽，一般安全帽的颜色有白色、红色、黄色、蓝色等。其中，白色安全帽是施工现场监理和其他外来人员戴的；红色安全帽是施工现场管理人员戴的；黄色、蓝色是现场施工一线操作工人戴的。

2）帽衬顶端与帽壳内顶面必须保持 25～50mm 的空间。有了这个空间，才能有效地吸收冲击能量，使冲击力分布在头盖骨的正面积上，减轻对头部的伤害。

3）佩戴安全帽时，必须系好下颚带，戴紧安全帽。

4）安全帽必须戴正、戴牢，不能晃动，防止脱落。

5）注意使用期限，安全帽要定期检查，符合安全要求才能继续使用。

4. 其他的个人防护用品

根据对人体的伤害情况，以保护为目的而制作的劳动保护用品可以分为两类：一是人体因受到急性伤害而使用的保护用品，二是保护人体因受到慢性伤害而使用的保护用品。为了防止这两类伤害，建筑工地除经常使用的安全带、安全帽等个人防护用品外，还有以下个人防护用品：

（1）防面部伤害的护目镜、防护面罩

护目镜有防打击、防辐射、防有害液体、防灰尘、烟雾、有害气体的护目镜。防护面罩有防打击、防腐蚀、防尘雾、防毒气、防辐射等类型。

建筑工地从事焊接作业的电焊、气焊工使用的护目镜和面罩，应按《职业眼面部防护 焊接防护 第 1 部分：焊接防护具》GB/T 3609.1—2008 的要求进行选择和使用。

（2）防触电的绝缘手套和绝缘鞋

为了防止触电，在电气作业和操作手持电动工具时，必须戴橡胶手套或穿戴胶底的绝缘鞋。橡胶手套和胶底鞋的厚度应根据电压的高低来选择。

（3）防尘的自吸过滤式口罩

防尘的自吸过滤式口罩在建筑工地某些工种经常使用，它主要是通过各种过滤材料制作的口罩，过滤被灰尘、有害物质污染了的空气，使之净化。

案例分析

<h1 style="text-align:center">"11·28"卸料平台发生侧翻事故</h1>

1. 事故发生经过

2020年11月26日，某工程项目架子工组长组织工人将3号商务办公楼卸料平台从9层升至10层。卸料平台安装完成后，安全监理、总包单位安全员先后对卸料平台进行验收，但安全监理认为平台安装有问题，未在验收表上签字，该未完成验收的卸料平台未按照要求设置禁用标志。

2020年11月27日，劳务分包单位开会通知次日塔吊顶升作业，卸料平台暂停使用，木工组长参加会议。次日12时许，木工组长在明知卸料平台不能使用的情况下，未向工人告知该情况，指挥工人在3号商务办公楼10层进行脚手管拆卸作业，木工将拆下的脚手管码放在卸料平台上。13时许，卸料平台与墙体连接的吊环螺杆突然断裂，平台侧翻，在该平台上码放脚手管的3位工人从高处坠落，当场死亡。经鉴定，3人均符合高坠致重度颅脑损伤合并失血性休克死亡。

2. 事故的直接原因

卸料平台严重超载是导致吊环螺杆过载脆性断裂的主要原因；卸料平台钢丝绳主绳与水平钢梁夹角过小，吊环未紧贴建筑结构边梁、悬挑长度略大，设计、安装不符合有关规定的情况导致卸料平台实际承载能力降低，是吊环螺杆断裂的次要原因；吊环材质、焊缝长度不满足设计要求，吊环存在焊趾凹坑、制作吊环时材质性能受损，吊环材料在低温下脆性增加等原因均进一步增加吊环螺杆脆性断裂的可能，在严重超载情况下吊环螺杆发生过载脆性断裂、引发卸料平台侧翻，作业人员未系挂安全带，从高处坠落，导致事故发生。

3. 事故的间接原因

危险性较大的分部分项工程安全管理混乱；安全管理（监理）人员配备不足、相关人员未到岗履职，安全生产教育培训未落实；行业监管不到位。

4. 事故处理

该事故11人被判刑；12人被追责问责；总包单位对事故发生负有主要责任；分包单位对事故发生负有主要责任；监理单位对事故发生负有重要责任；吊销项目经理注册建造师执业资格证书，5年内不予注册；撤销安全主管安全生产考核合格证书；吊销总监理工程师和总监理工程师代表注册监理工程师执业资格证书，5年内不予注册。

<h1 style="text-align:center">思 考 题</h1>

1. 调查一下附近的建筑施工现场，从高处作业安全的基本要求和具体要求，评价他们的安全防范是否合格？存在哪些问题和隐患？应当如何解决？

2. 安全生产"三宝"是指什么？

3. 支搭安全平网的三要素是什么？

4. 试述安全网支搭的要领是什么？

5. 你了解施工现场安全网的搭设现状吗？

6. 你知道在什么情况下系安全带吗？你会系吗？请展示。

7. 你怎样选择适合自己所佩戴的安全帽？

8. 常见的个人安全防护用品有哪些？

学　习　鉴　定

一、填空题

1. 建筑中所说的"三宝"是指_____、_____、_____。

2. 安全网分为平网和_____两种，其中平网又分为_____、_____、_____。

3. 安全带的使用年限一般为_____。

4. 安全绳的长度控制在_____，如使用 3m 以上的长绳应加_____。

5. 安全帽的主要技术性能包括_____和_____。

6. 洞口应设置警示标志，夜间应设_____警示。

7. 对坡度大于 1∶2.2 的屋面和檐口，防护栏杆高度不应小于_____m。

二、判断题

1. 夏天可以将安全帽戴在草帽上，这样可以防暑。　　　　　　　　　　（　　）

2. 每一顶安全帽上都应有许可证编号。　　　　　　　　　　　　　　　（　　）

3. 安全带必须有产品检验合格证，否则不得使用。　　　　　　　　　　（　　）

4. 安全绳可以将钩直接挂在安全绳上使用。　　　　　　　　　　　　　（　　）

5. 电梯井、采光井应在井口内首层，并每隔 4 层固定一道安全网。　　　（　　）

6. 现场搅拌混凝土，上料的工人必须戴防尘口罩。　　　　　　　　　　（　　）

7. 安全平网的外口应高于里口。　　　　　　　　　　　　　　　　　　（　　）

8. 安全网支搭的"三要素"是指负载高度、网的宽度、网的间距。　　　（　　）

9. 凡高度在 4m 以上的建筑物，首层四周必须支搭固定 3m 宽的水平安全网。

（　　）

10. 在电气作业和操作手持电动工具时，必须戴橡胶手套或穿戴胶底的绝缘鞋。

（　　）

项目 4　施工用电安全管理

学习目标

　　了解施工现场临时用电组织设计的内容、配电室位置的选择与布置；掌握施工用电实行的三级配电系统、TN-S接零保护系统、二级漏电保护系统；掌握施工现场临时用电的配电线路的三种方式；了解《施工现场临时用电安全技术规范》JGJ 46—2005对外电线路及电气设备的防护要求，了解电气接地、接零与防雷，掌握电气照明的设置以及安全用电的知识。

案例引入

　　某工厂二期扩建工程，加夜班浇筑混凝土。安排电工将混凝土搅拌机棚的三个照明灯接亮，当电工将照明灯接线完成推闸试灯时，听见有人喊"电人了"，随即拉掉电闸，可是手扶搅拌机位外倒混凝土的杨某已倒地，经医院抢救无效死亡。经查工地使用的是四芯电缆，在线路上的工作零线已断掉，这个开关箱照明和动力混设。事故的直接原因是搅拌机接地线PE与照明器工作零线N共用一条零线，而且已经断线，当三个照明灯接通电源后，因共用零线已断，相线经灯具和共用零线连通搅拌机外壳致使带电，当开灯时，杨某直接触电。事故的发生还由于这段线路没有按临时用电TN-S系统的要求设专用保护零线（PE）。这起事故充分说明施工用电安全管理的重要性。

任务 4.1　施工用电方案

临时用电安全
管理

　　随着我国基本建设迅速发展，建设规模不断扩大，施工现场的用电设备种类也随之增多，使用范围也随之扩大。为了规范建设工程安全施工用电管理，提高安全用电管理水平，减少伤亡事故，保障人员生命财产安全，贯彻"安全第一，预防为主，综合治理"的方针，实现安全生产管理的标准化，必须制定施工安全用电管理的方法和措施，从而提高安全用电管理水平。

　　1. 施工用电方案设计的基本原则

　　根据《施工现场临时用电安全技术规范》JGJ 46—2005的规定，为确保施工现场临时用电的安全，要求施工用电设备数量在5台以下或设备总容量在50kW以下时，制定符合规范要求的安全用电和电气防火措施；施工用电设备数量在5台以上或设备容量在50kW及以上时，应编制临时用电施工组织设计（施工用电方案）。临时用电组织设计编制（或变更）时，必须履行"编制、审核、批准"程序，由电气工程技术人员组织编制，经相关部门审核，具有法人资格企业的技术负责人批准实施，变更用电施工组织设计应补充有关图纸资料。制定临时用电施工组织设计（施工用电方案）的基本原则如下：

　　（1）采用三级配电系统

1）一级配电设施（总配电箱）应起到总切断、总保护、平衡用电设备相序和计量的作用。应配置具备熔断并起切断作用的总隔离开关；在隔离开关的下面应配置漏电保护装置，经过漏电保护后支开用电回路，也可在回路开关上加装漏电保护功能；根据用电设备容量，配置相应的互感器、电流表、电压表、电度计量表、零线接线排和地线接线排等，如图4-1、图4-2所示。

图4-1　总配电箱外观图　　　图4-2　总配电箱电器配置图

2）二级配电设施（分配电箱）应起到分配电总切断的作用，应配置总隔离开关、各用电设备前端的二级回路开关、零线接线排和地线接线排等，如图4-3、图4-4所示。

图4-3　分配电箱现场布置图　　　　　图4-4　分配电箱电器配置图

3）三级配电设施（开关箱）起着施工用电系统末端控制的作用，也就是单台用电设备的总控制，即一机一闸控制，应配置隔离开关、漏电保护开关和接零、接地装置，如图4-5、图4-6所示。

图4-5　开关箱现场布置图　　　图4-6　开关箱内部配置图

（2）采用 TN-S 接零保护系统

"T"表示电力系统中有一点（中性点）接地，"N"表示电气装置的外露可导电部分与电力系统的接地点（中性点）直接连接，"S"表示中性线和保护线是分开的。TN-S 系统即是指电源系统有一直接接地点，负荷设备的外漏导电部分通过保护导体连接到此接地点的系统，即采取接零保护的系统。把工作零线 N 和专用保护接地线 PE 严格分开，系统正常运行时，专用保护线上没有电流，只是工作零线上有不平衡电流。PE 线对地没有电压，所以电气设备金属外壳接零保护是接在专用的保护线 PE 上，安全可靠，如图 4-7 所示。

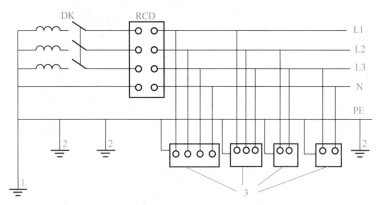

图 4-7　专用变压器供电 TN-S 接零保护系统示意图

1—工作接地；2—PE 线重复接地；3—电气设备金属外壳；L1、L2、L3—相线；

N—工作零线；PE—保护零线；DK—总电源隔离开关；RCD—总漏电保护器

（3）采用二级漏电保护系统

1）总配电漏电保护可以起到线路漏电保护与设备故障保护的作用。

2）二级漏电保护可以直接断开单台故障设备的电源，如图 4-8、图 4-9 所示。

图 4-8　漏电保护器（一）　　　　图 4-9　漏电保护器（二）

2. 施工用电方案设计的内容

进行施工用电方案设计前需要进行适当的现场勘测，了解施工场地的地形、地貌和建筑项目的位置及环境，现场上下水管网的布置情况；建筑材料的堆放场所，生产、生活用临时建筑物的位置，各用电设备的位置和容量等。

施工用电方案设计的主要内容包括用电设计的原则，配电设计，用电设施管理和批准，施工用电工程的施工、验收和检查等。安全技术档案的建立、管理和内容等视作用电设计的延伸。具体设计内容包括：

(1) 确定电源进线、变电所或配电室、配电装置、用电设备位置及线路走向，一般应满足以下要求：

各种设备应尽量靠近负荷中心或临时线路中心，使配电系统运行经济；便于变压器等电气设备的安装、拆除和搬运；远离火源、水源，并保持一定的安全距离，以保证配电系统安全运行；尽量减少配电线路的负荷矩，线路敷设应简单整齐，以便于管理。

(2) 统计用电设备容量，进行负荷计算。根据施工现场临时用电设备的容量（包括电流和功率）和用电特点，采用需要系数法或二项式法计算施工现场临时用电的最大负荷，并以此作为选择电器、导线、电缆以及供电变压器和发电机的主要依据。

(3) 选择变压器，设计配电系统。变压器的主要技术指标是容量及型号；配电系统主要由配电线路、配电装置、接地装置三部分组成。

(4) 设计配电线路，选择导线或电缆。一般而言，导线允许载流量大于负荷计算电流；导线规格的选择若从机械强度考虑，不得小于规范规定的最小规格；电缆的额定电压与系统电压相匹配。

(5) 设计配电装置，选择电气元件。配电装置是整个系统的枢纽，通过配电线路和接地装置将其连接，形成一个层次分明的现场临时配电网络。

(6) 设计防雷接地装置，确定防护措施。防雷装置是一种能够对雷电的破坏性作用进行防护的电气装置。设计防雷装置主要是确定防雷装置设置的位置、防雷装置的形式、防雷接地的方式和防雷接地电阻值，施工现场内所有防雷装置的冲击接地电阻值不得大于30Ω；在施工现场内，确定施工设备与外电线路的安全距离和隔离防护设施，防护设施应坚固、稳定，且应达到 IP30 级；确定电气设备对易燃易爆物、污染和腐蚀介质、机械损伤和电磁感应等危险环境因素的防护措施。

(7) 绘制临时用电工程图纸，主要包括施工现场临时用电工程总平面图、配电装置布置图、配电系统接线图、接地装置设计图，作为临时用电工程施工的依据。

(8) 制定安全用电措施和电气防火措施，施工现场安全用电管理责任制，临时用电工程的施工、验收和检查制度等。凡是易发生触电危险的部位，应制定具体的电气安全措施；电气设备周围易引发火灾的场所应制定具体的电气防火措施；临时用电组织设计变更时，应补充有关图样资料；临时用电设备使用期限一般为 6 个月，安装时必须符合规定要求，并定期检查，以保证安全运行。

3. 临时用电安全技术档案

施工现场临时用电必须建立安全技术档案，由主管该现场的电气技术人员负责建立和管理，其内容包括以下几个方面：

(1) 用电组织设计的全部资料。

（2）修改用电组织设计的资料。

（3）用电技术交底资料。

（4）用电工程检查验收表。

（5）电气设备的试验、检验凭单和调试记录。

（6）接地电阻、绝缘电阻和漏电动作参数测定记录表。

（7）定期检（复）查表。

（8）电工安全、巡检、维修、拆除工作记录。

4. 施工现场临时用电的一般规定

考虑到用电事故的发生概率与用电的设计，设备的数量、种类、分布及负荷的大小有关，施工现场临时用电一般应符合以下要求：

（1）各施工现场必须设置一名电气安全负责人，电气安全负责人应由技术好、责任心强的电气技术人员或工人担任，负责该现场日常安全用电管理。

（2）施工用电应定期检测。施工现场的一切电气线路、用电设备的安装和维护必须由持证电工负责，并严格执行施工组织设计的规定。

（3）施工现场应视工程量大小和工期长短，必须配备足够的（不少于2名）持有省、自治区、直辖市人民政府建设主管部门核发电工证的电工。定期对施工现场电工和用电人员进行安全用电教育培训和技术交底。

（4）施工现场使用的大型机电设备，进场前应通知住房和城乡建设主管部门鉴定合格后进场安装使用，严禁不符合安全要求的机电设备进入施工现场。

（5）一切移动式电动机具（如潜水泵、振动器、切割机、手持电动机具等）机身必须写上编号，检测绝缘电阻、检查电缆外绝缘层、开关、插头及机身是否完整无损，并列表报主管部门检查合格后才允许使用。

（6）施工现场严禁使用明火电炉（包括电工室和办公室）、多用插座及分火灯头，220V的施工照明灯具必须使用护套线。

（7）施工现场应设专人负责管理临时用电安全技术档案，定期经项目负责人检验签字。临时用电安全技术档案应包括的内容为：临时用电施工组织设计；临时用电安全技术交底；临时用电安全检测记录；电工维修工作记录。

 知识链接：接地与接零保护

1. 接地

通常是用接地体与土壤接触来实现的，是将金属导体或导体系统埋入土中构成的一个接地体。工程上，接地体除专门埋设外，有时还利用兼作接地体的已有各种金属构件、金属井管、钢筋混凝土建（构）筑物的基础、非燃物质用的金属管道和设备等，这种接地称为自然接地体。用作连接电气设备和接地体的导体，如电气设备上的接地螺栓，机械设备的金属构架，以及在正常情况下不载流的金属导线等称为接地线。接地体与接地线的总和称为接地装置。接地类别如下：

知识链接：接地与接零保护

（1）工作接地：在电气系统中，因运行需要的接地（如三相供电系统中电源中性点的接地）称为工作接地。在工作接地的情况下，大地被作为一根导线，而且能够稳定设备导电部分对地电压。

（2）保护接地：在电力系统中，因漏电保护需要，将电气设备正常情况下不带电的金属外壳和机械设备的金属构件（架）接地，称为保护接地。

（3）重复接地：在中性点直接接地的电力系统中，为了保证接地的作用和效果，除在中性点处直接接地外，在中性线上的一处或多处再接地，称为重复接地。

（4）防雷接地：防雷装置（避雷针、避雷器、避雷线等）的接地，称为防雷接地。防雷接地设置的主要作用是雷击防雷装置时，将雷击电流泄入大地。

2. 保护接零

保护接零（又称接零保护）就是在中性点接地的系统中，将电气设备在正常情况下不带电的金属部分与保护零线（PE 线）作良好连接。

任务 4.2 施工现场临时用电设施及防护技术

临时用电的安全
检查和评价(一)

1. 外电防护

在建工程不得在高、低压线路下方施工、搭设作业棚和生活设施、堆放构件和材料等。在架空线路一侧施工时，在建工程（含脚手架）的外缘应与架空线路边线之间保持安全操作距离，最小安全距离如表 4-1、图 4-10 所示。

最小安全距离   表 4-1

外电线路电压（kV）	<1	1~10	35~110	150~220	330~500
最小安全距离（m）	4	6	8	10	15

注：上、下脚手架的斜道不应设在有外电线路的一侧；施工现场开挖非热管道沟槽的边缘与埋地外电缆沟槽之间的距离不得小于 0.5m。

图 4-10 外电防护安全距离

施工现场的机动车道与外电架空线路交叉时，架空线路的最低点与路面的最小垂直距离应符合表 4-2 的要求。

架空线路的最低点与路面的最小垂直距离 表 4-2

外电线路电压等级（kV）	<1	1～10	35
最小垂直距离（m）	6.0	7.0	7.0

起重机严禁越过无防护设施的外电架空线路作业。架空线路附近吊装时起重机的任何部位或被吊物边缘在最大偏斜时与架空线路边线的最小安全距离应符合表 4-3 的规定。

与架空线路边线的最小安全距离 表 4-3

距离（m）	电压等级（kV）						
	<1	10	35	110	220	330	500
沿垂直方向	1.5	3.0	4.0	5.0	6.0	7.0	8.5
沿水平方向	1.5	2.0	3.5	4.0	6.0	7.0	8.5

施工现场不能满足规定的最小距离时，必须按现行规范搭设防护设施并设置警告标志，架设防护设施时必须经有关部门批准采用线路暂时停电或其他可靠的安全技术措施，并应有电气工程技术人员和专职安全人员监护，防护设施与外电线路之间的安全距离不应小于表 4-4 所列的数值。防护措施无法实现时必须采取停电迁移外电线路或改变工程位置等措施，否则严禁施工。

与外电线路之间的最小安全距离 表 4-4

外电线路电压等级（kV）	≤10	35	110	220	330	500
最小安全距离（m）	1.7	2.0	2.5	4.0	5.0	6.0

2. 配电线路

（1）架空线路

1）架空线路宜采用木杆或混凝土杆。混凝土杆不得露筋，不得有环向裂纹和扭曲；木杆不得腐朽，其梢径不得小于 130mm。

2）架空线路必须采用绝缘铜线或铝线，且必须经横担和绝缘子架设在专用电杆上。架空导线截面应满足计算负荷、线路末端电压偏移（不大于 5%）和机械强度要求。严禁将架空线路架设在树木或脚手架上。

3）架空线路相序排列应符合下列规定：在同一横担架设时，面向负荷侧，从左起为 L1、N、L2、L3；与保护零线在同一横担架设时，面向负荷侧，从左起为 L1、N、L2、L3、PE；动力线、照明线在两个横担架设时，面向负荷侧，上层横担从左起为 L1、L2、L3，下层横担从左起为 L1、L2、L3、N、PE；架空敷设挡距不应大于 35m，线间距离不应小于 0.3m。横担间最小垂直距离：高压与低压直线杆为 1.2m，分支或转角杆为 1m；低压与低压直线杆为 0.6m，分支或转角杆为 0.3m。

4）架空线敷设高度应满足下列要求：距施工现场地面不小于 4m；距机动车道不小于 6m；距铁路轨道不小于 7.5m；距暂设工程和地面堆放物顶端不小于 2.5m；距交叉电力线路 1kV 以下线路不小于 1.2m，1～10kV 线路不小于 2.5m。

（2）电缆线路

1）电缆中必须包含全部工作芯线和用作保护零线或保护线的芯线，需要三相四线制配电的电缆线路必须采用五芯电缆，五芯电缆必须包含淡蓝、绿（黄）两种颜色绝缘芯线，淡蓝色芯线必须用作 N 线，绿（黄）双色芯线必须用作 PE 线，严禁混用。

2）电缆线路应采用埋地或架空敷设，严禁沿地面明设，并应避免机械损伤和介质腐蚀，埋地电缆路径应设方位标志。

3）施工用电电缆线路应采用埋地或架空敷设，不得沿地面明设，必须有短路保护和过载保护。电缆直接埋地敷设的深度不应小于 0.7m，并应在电缆紧邻上、下、左、右侧均匀敷设不小于 50mm 厚的细砂，然后覆盖砖或混凝土板等硬质保护层；埋地电缆在穿越建筑物、构筑物、道路、易受机械损伤、介质腐蚀场所及引出地面从 2m 高到地下 0.2m 处，必须加设防护套管，防护套管内径不应小于电缆外径的 1.5 倍；埋地电缆与其附近外电电缆和管沟的平行间距不得小于 2m，交叉间距不得小于 1m；埋地电缆的接头应设在地面上的接线盒内，接线盒应能防水、防尘、防机械损伤，并应远离易燃、易爆、易腐蚀场所。架空电缆应沿电杆、支架或墙壁敷设，并采用绝缘子固定，绑扎线必须采用绝缘线，固定点间距应保证电缆能承受自重所带来的荷载，沿墙壁敷设时最大弧垂点距地不得小于 2m。

（3）室内配线

1）室内配线应根据配线类型采用瓷瓶、瓷（塑料）夹、嵌绝缘槽、穿管或钢索敷设，必须有短路保护和过载保护。室内非埋地明敷主干线距地面高度不得小于 2.5m。

2）架空进户线的室外端应采用绝缘子固定，过墙处应穿管保护，距地面高度不得小于 2.5m，并应采取防雨措施。

3）钢索配线的吊架间距不宜大于 12m。采用瓷夹固定导线时，导线间距不应小于 35mm，瓷夹间距不应大于 800mm；采用瓷瓶固定导线时，导线间距不应小于 100mm，瓷瓶间距不应大于 1.5m；采用护套绝缘导线或电缆时，可直接敷设于钢索上。

3. 接地与防雷措施

人身触电事故一般分为两种情况：一是人体直接触及或过分靠近电气设备的带电部分（搭设防护遮栏、栅栏等属于防止直接触电的安全技术措施）；二是人体碰触平时不带电，因绝缘损坏而带电的金属外壳或金属架构。针对这两种人身触电情况，必须从电气设备本身采取措施和从工作中采取妥善的保证人身安全的技术措施和组织措施。

（1）保护接地和保护接零

电气设备的保护接地和保护接零是防止人身触电及绝缘损坏的电气设备所引起的触电事故而采取的技术措施。接地和接零保护方式是否合理，关系到人身安全，影响到供电系统的正常运行。因此，正确地运用接地和接零保护是电气安全技术中的重要内容。

其中保护零线应符合下列规定：保护零线应自专用变压器、发电机中性点处，或配电室、总配电箱进线处的中性线（N 线）上引出；保护零线的统一标志为绿（黄）双色绝缘导线，任何情况下不得使用绿（黄）双色线作负荷线；保护零线（PE 线）必须与工作零线（N 线）相隔离，严禁保护零线与工作零线混接、混用；保护零线上不得装设控制开关或熔断器；保护零线的截面不应小于对应工作零线截面；与电气设备相连接的保护零线应采用截面不小于 2.5mm^2 的多股绝缘铜线。保护零线的重复接地点不得少于三处，应分别设置在配电室或总配电箱处，以及配电线路的中间处和末端处。

（2）基本保护系统

施工用电应采用中性点直接接地的 380/220V 三相五线制低压电力系统，其保护方式应符合下列规定：施工现场由专用变压器供电时，应将变压器低压侧中性点直接接地，并采用 TN-S 接零保护系统；施工现场由专用发电机供电时，必须将发电机的中性点直接接地，并采用 TN-S 接零保护系统，且应独立设置；当施工现场直接由市电（电力部门变压器）等非专用变压器供电时，其基本接地、接零方式应与原有市电供电系统保持一致。在同一供电系统中，不得一部分设备作保护接零，另一部分设备作保护接地。

（3）接地电阻

接地电阻包括接地线电阻、接地体本身的电阻及流散电阻。由于接地线和接地体本身的电阻很小（因导线较短，接地良好），可忽略不计，因此，一般认为接地电阻就是散流电阻，它的数值等于对地电压与接地电流之比。接地电阻分为冲击接地电阻、直接接地电阻和工频接地电阻，在用电设备保护中一般采用工频接地电阻。

电力变压器或发电机的工作接地电阻值不应大于 4Ω。在 TN 接零保护系统中，重复接地应与保护零线连接，每处重复接地电阻值不应大于 10Ω。

（4）施工现场的防雷保护

多层与高层建筑施工应充分重视防雷保护。多层与高层建筑施工时，其四周的起重机、门式架、井字架、脚手架等突出建筑物很多，材料堆积也较多，万一遭受雷击，不但对施工人员造成生命危险，而且容易引起火灾，造成严重事故。因此，多层与高层建筑施工期间，应注意采取以下防雷措施：

1）建筑物四周、起重机的最上端必须装设避雷针（接闪器），并应将起重机钢架连接于接地装置上。接地装置应尽可能利用永久性接地系统。如果是水平移动的塔式起重机，其地下钢轨必须可靠地接到接地系统上。起重机上装设的避雷针，应能保护整个起重机及其电力设备。

2）沿建筑物四角和四边竖起的木、竹架子上，做数根避雷针（接闪器）并接到接地系统上，针长最小应高出木、竹架子 3.5m，避雷针之间的间距以 24m 为宜。对于钢脚手架，应注意连接可靠并要可靠接地。如施工阶段的建筑物当中有突出高点，应如上述加装避雷针（接闪器）。雨期施工时，应随脚手架的接高加高避雷针（接闪器）。

3）建筑工地的井字架、门式架等垂直运输架上，应将一侧的中间立杆接高，高出顶墙 2m，作为接闪器，并在该立杆下端设置接地线，同时应将卷扬机的金属外壳可靠接地。

4）应随时将每层楼的金属门窗（钢门窗、铝合金门窗）与现浇混凝土框架（剪力墙）的主筋可靠连接。

5）施工时，应按照正式设计图纸的要求先做完接地设备，同时，应注意跨步电压的问题。

6）在开始架设结构骨架时，应按图纸规定，随时将混凝土柱的主筋与接地装置连接，以防施工期间遭到雷击而破坏。

7）随时将金属管道、电缆外皮在进入建筑物的进口处与接地设备连接，并应把电气设备的铁架及外壳连接在接地系统上。

8）防雷装置的避雷针（接闪器）可采用 $\phi20$ 钢筋，长度应为 1～2m；当利用金属构架作引下线时，应保证构架之间的电气连接；防雷装置的冲击接地电阻值不得大于 30Ω，如图 4-11 所示。

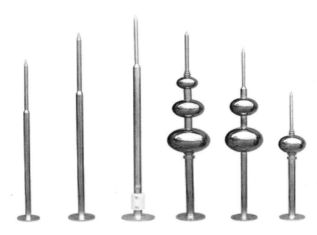

图 4-11　常见避雷针（接闪器）

4. 配电箱及开关箱

（1）配电系统应设置配电柜或总配电箱、分配电箱、开关箱，实现三级配电。开关箱应实行"一机一闸"制，不得设置分路开关，如图 4-12 所示。

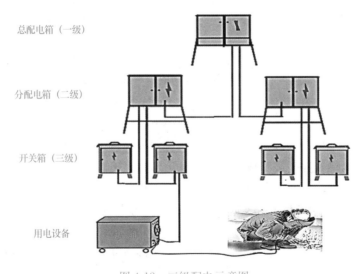

总配电箱（一级）

分配电箱（二级）

开关箱（三级）

用电设备

图 4-12　三级配电示意图

（2）施工用电配电箱、开关箱中应装设电源隔离开关、短路保护器、过载保护器，其额定值和动作整定值应与其负荷相适应。总配电箱、开关箱中还应装设漏电保护器。每台用电设备必须有各自专用的开关箱，严禁用同一个开关箱直接控制 2 台及 2 台以上用电设备（含插座）。

（3）漏电保护器的额定漏电动作参数选择应符合下列规定：

1）总配电箱内的漏电保护器，其额定漏电动作电流应大于 30mA，额定漏电动作时间应大于 0.1s，但其额定漏电动作电流 I 与额定漏电动作时间 t 的乘积不应大于 $30mA \cdot s$，

即 $I \cdot t \leqslant 30\text{mA} \cdot \text{s}$。

2）开关箱（末级）内的漏电保护器，其额定漏电动作电流不应大于 30mA，额定漏电动作时间不应大于 0.1s；使用于潮湿或有腐蚀介质场所时，其额定漏电动作电流不应大于 15mA，额定漏电动作时间不应大于 0.1s。

（4）施工用电动力配电与照明配电必须分箱设置。

（5）施工用电配电箱、开关箱应采用铁板（厚度为 1.2～2.0mm）或阻燃绝缘材料制作，不得使用木质配电箱、木质开关箱及木质电器安装板。

（6）施工用电配电箱、开关箱应装设在干燥、通风、无外来物体撞击的地方，其周围应有足够两人同时工作的空间和通道。

（7）施工用电移动式配电箱、开关箱应装设在坚固的支架上，严禁在地面上拖拉。

（8）加强对配电箱、开关箱的管理，防止误操作造成危害；所有配电箱、开关箱应在其箱门处标注编号、名称、用途和分路情况。

（9）配电箱的电器安装板上必须分设 N 线端子板和 PE 线端子板。N 线端子板必须与金属电器安装板绝缘；PE 线端子板必须与金属电器安装板做电气连接。进出线中的 N 线必须通过 N 线端子板连接；PE 线必须通过 PE 线端子板连接。

5. 现场照明

照明供电电源必须可靠，并应与动力电源分别装设；施工现场应采用高光效、长寿命的照明光源。对需要大面积照明的场所，应采用高压汞灯、高压钠灯、卤钨灯，这样既可以节约能源，也可以提高现场的照明质量；施工现场的照明装置要确保现场工作人员的人身安全。

（1）施工照明的室外灯具距地面不得低于 3m，室内灯具距地面不得低于 2.5m。

（2）一般场所，照明额定电压应为 220V，其供电电压偏移值允许为额定电压的 -5％～5％，如果远离电源的小面积工作场所，其电压偏移值允许为额定电压的 -10％～5％；隧道、人防工程、高温、有导电粉尘和比较潮湿或灯具离地面高度低于 2.5m 等场所，照明额定电压不应大于 36V，其供电电压偏移值允许为额定电压值的 -10％～5％。

（3）潮湿和易触及照明线路场所，照明电压不应大于 24V。特别潮湿、导电良好的地面、锅炉或金属容器内，照明电压不应大于 12V。

（4）手持灯具应使用 36V 以下电源供电。灯体与手柄应坚固、绝缘良好并耐热和耐潮湿。

（5）施工照明使用 220V 碘钨灯应固定安装，其高度不应低于 3m，距易燃物不得小于 500mm，并不得直接照射易燃物，不得将 220V 碘钨灯用作移动照明。

（6）施工用电照明器具的形式和防护等级应与环境条件相适应。

（7）需要夜间或暗处施工的场所，必须配置应急照明电源。夜间可能影响行人、车辆、飞机等安全通行的施工部位或设施、设备，必须设置红色警戒照明。

6. 配电室与配电装置

施工现场中配电室位置的选择应根据现场负荷类型、大小、分布特点和环境特征等进行全面考虑。配电室中的电源应尽量接近负荷中心的位置，以减少线路长度。进、出线应方便，周边道路应畅通，还应尽量避免多尘、振动、高温、潮湿的影响。

（1）配电室应靠近电源，并应设在无灰尘、无蒸汽、腐蚀介质及无振动的地方；成列的配电屏（盘）和控制屏（台）两端应与重复接地线及保护零线进行电气连接。

（2）配电室或控制室应能自然通风，并应采取防止雨雪和动物出入的措施。配电屏（盘）周围的通道宽度应符合规定。

（3）配电室的建筑物和构筑物的耐火等级应不低于3级，室内应配置砂箱和绝缘灭火器；配电屏（盘）应装设有功、无功电度表，并应分路装设电流、电压表；电流表与计费电度表不得共用一组电流互感器；配电屏（盘）应装设短路、过负荷保护装置和漏电保护器；配电屏（盘）上的各配电线路应编号，并标明用途标记；配电屏（盘）或配电线路维修时，应悬挂停电标志牌。停电、送电必须由专人负责。

（4）闸具、熔断器参数应与设备容量匹配。手动开关电器只允许用于直接控制照明电路和容量不大于5.5kW的动力电路，容量大于5.5kW的动力电路应采用自动开关电器或降压启动装置控制。各种开关的额定值应与其控制用电设备的额定值相适应。更换熔断器的熔体时，严禁使用不符合原规格的熔体代替。

（5）电压为400/230V的自备发电机组及其控制室、配电室、修理室等，在保证电气安全距离和满足防火要求的情况下可合并设置。发电机组的排烟管道必须伸出室外。发电机组及其控制室、配电室内严禁存放储油桶。发电机组电源应与外电线路电源联锁，严禁并列运行。发电机组应采用三相四线制中性点直接接地系统，并须独立设置，其接地电阻不得大于4Ω。

任务4.3   安 全 用 电

电气设备在运行过程中由于绝缘损坏等原因会使设备外壳带电，当人体触及设备外壳时，漏电电流将流过人体，从而产生危害人的机体乃至生命的医学效应，这种现象称为触电现象。

临时用电的安全
检查和评价（二）

1. 电流对人体的伤害

电流对人体的伤害可分为电击和电伤（包括电灼伤、电烙印和皮肤金属化）两大类。一般认为在低压电网上触电时若电流超过30mA，数秒时间内就可对人造成生命危险。因此，我国现行国家标准《施工现场临时用电安全技术规范》JGJ 46—2005规定漏电保护器的漏电动作电流不应大于15mA，漏电动作时间不应大于0.1s，以确保安全。正常状态下人体的电阻值为1000Ω，但如果人体皮肤有损伤且所处环境潮湿，人体电阻值将大幅下降。我国根据不同的环境制定了安全电压值，一般情况下为36V，较潮湿环境下为24V，潮湿恶劣环境下为12V或更低。

2. 常见触电形式

人体触电形式一般有直接接触触电、跨步电压触电、接触电压触电等几种类型。

（1）直接接触触电

人体直接碰到带电导体造成的触电，称为直接接触触电。

如果人体直接碰到电气设备或电力线路中的一相带电导体，或者与高压系统中的一相带电导体的距离小于该电压的放电距离而造成对人体放电，这时电流将通过人体流入大地，这种触电称为单相触电。

如果人体同时接触电气设备或电力线路中的两相带电导体，或者在高压系统中人体同时过分靠近两相带电导体而发生电弧放电，则电流将从一相导体通过人体流入另一相导体，这种触电称为两相触电。显然，发生两相触电危害更严重。

（2）跨步电压触电

当电气设备或线路发生接地故障时，接地电流从接地点向大地四周流散，这时在地面上形成分布电位，要在 20m 以外大地电位才等于零，离接地点越近，大地电位越高。人假如在接地点周围（20m 以内）行走，其两脚之间就有电位差，这就是跨步电压。由跨步电压引起的人体触电，称为跨步电压触电。

（3）接触电压触电

电气设备的金属外壳本不应该带电，但由于设备使用时间长久，使内部绝缘老化造成击穿碰壳使电气设备带电；或由于安装不良造成设备的带电部分碰到金属外壳使电气设备带电；或其他原因造成电气设备金属外壳带电。人若碰到带电外壳，就会发生触电事故，这种触电称为接触电压触电。

3. 防止触电基本要求

防止人身触电要时刻具有"安全第一"的思想，只有掌握好电气专业技术基础和电气安全技术，且严格遵守规程规范和各种规章制度，才能在工作中避免发生触电事故。

（1）进入施工现场时，不要接触电线、供配电线路以及工地外围的供电线路；遇到地面有电线或电缆时，不要用脚踩踏，以免意外触电。

（2）看到"当心触电""禁止合闸，有人工作""止步，高压危险"等标志牌时，要特别留意，以免触电，如图 4-13 所示。

图 4-13　用电警示标志

（3）不要擅自触摸、乱动各种配电箱、开关箱、电气设备等，以免发生触电事故。

（4）不能用潮湿的手去扳开关或触摸电气设备的金属外壳。

（5）衣物或其他杂物不能挂在电线上。

（6）施工现场的生活照明应尽量使用荧光灯。使用灯泡时，不能紧挨着衣物、蚊帐、纸张、木屑等易燃物品，以免发生火灾。施工中使用手持行灯时，要用 36V 以下的安全电压。

（7）使用电动工具以前要检查工具外壳、导线绝缘皮等，如有破损应立即请专职电工检修。

（8）电动工具的线不够长时，要使用电源拖板。

（9）使用振捣器、打夯机时，不要拖拽电缆，要有专人收放。操作者要戴绝缘手套、穿绝缘靴等防护用品。

（10）使用电焊机时要先检查拖线的绝缘情况；电焊时要戴绝缘手套、穿绝缘靴等防护用品，不要直接用手去碰触正在焊接的工件。

（11）使用电锯等电动机械时，要有防护装置。

（12）电动机械的电缆不能随地拖放，如果无法架空只能放在地面时，要加盖板保护，防止电缆受到外界的损伤。

（13）开关箱周围不能堆放杂物。拉合闸刀时，旁边要有人监护。收工后，要锁好开关箱。

（14）使用电器时，如遇跳闸或熔丝熔断时，不要自行更换或合闸，要由专职电工进行检修。

案例分析

某彩印厂工程触电事故

某彩印厂工程由某建筑公司承包。该工程发生事故之前正在进行厂房通道的混凝土地面施工，通道总长度 90m，宽 13m，通道地面按宽度分为南北两段施工，每段宽 6.5m，南段已施工完毕。2002 年 8 月 11 日晚开始北段施工，到夜间零点左右时，地面作业需用滚筒进行碾压抹平，但施工区域内有一活动操作台（用钢管扣件组装）影响碾压作业进行，于是由 3 名作业人员推开操作台。但由于工地的电气线路架设混乱，再加上夜间施工只采用了局部照明，推动中挂住电线推不动，因光线暗未发现原因，使用钢管撬动操作台，从而将电线绝缘损坏，导致操作台带电，3 人当场触电死亡。

1. 直接原因

（1）按《施工现场临时用电安全技术规范》JGJ 46—2005 的规定，室内照明高度低于 2.4m 时，应采用 36V 安全电压供电。该现场采用 220V 的危险电压，且线路架设不按规定执行，从而带来触电危险。

（2）按照规范要求厂房夜间作业应设一般照明及局部照明。该厂房通道全长 90m，现场只安排局部照明，线路敷设不规范的隐患操作人员很难发现。

（3）《施工现场临时用电安全技术规范》JGJ 46—2005 规定，电气安装应同时采用保护接零和漏电保护装置，当发生意外触电时可自动切断电源进行保护。而该工地电气混乱，工人触电后未能得到保护而失去生命。

2. 间接原因

（1）该工地电气混乱，未按规定编制施工用电组织设计，由于隐患多而发生触电事故。

（2）电工缺乏日常检查维修，现场管理人员视而不见，因此隐患未能及时解决。

（3）夜间施工既没有电工跟班，也未预先组织现场环境的检查，因此把隐患留给夜间施工的工人，导致事故的发生。

3. 事故的结论和教训

本次事故属于责任事故。施工现场用电违章操作，现场指挥人员违章指挥，上级又管理失控，长期混乱隐患未能及时解决。

项目工程生产负责人不按规定编制用电方案，对电工安装电气线路不合要求又没提出整改意见，夜间施工环境混乱导致发生触电事故，负有违章指挥责任。

　　××市某城乡建筑公司主要负责人对施工现场不编制方案，随意安装电气和现场管理失控应负全面管理不到位的责任。

知　识　拓　展

临时用电的安全
检查和评价

触电事故的
预防及其应急
救援预案

思　考　题

　　1. 临时用电的施工组织设计应包括哪些内容？

　　2. 什么是保护接地？什么是保护接零？

　　3. 施工用电的接地电阻是如何规定的？

　　4. 何谓"三级配电两级保护"？何谓"一漏一箱"？

　　5. 施工临时用电的配电箱和开关箱应符合哪些要求？

　　6. 施工照明用电的供电电压是如何规定的？

学　习　鉴　定

一、填空题

　　1. 总配电漏电保护可以起到线路_____与设备_____的作用。

　　2. 施工现场临时用电必须建立_____，由主管该现场的电气技术人员负责建立和管理。

　　3. 施工用电应采用中性点直接接地的_____三相五线制低压电力系统。

　　4. 总配电箱、开关箱中应装设_____，开关箱中实行"一漏一箱"制。

　　5. 一般认为在低压电网上触电时若电流超过_____，数秒时间内就可对人造成生命危险。

二、判断题

　　1. 施工用电电缆线路应采用埋地或架空敷设，不得沿地面明设。　　　　　　（　　）

　　2. 我国根据不同的环境制定了安全电压值，一般情况下为 36V，较潮湿环境下为 24V，潮湿恶劣环境下为 12V 或更低。　　　　　　　　　　　　　　　　　　（　　）

　　3. 人体触电一般有直接接触触电、跨步电压触电、接触电压触电等类型。　（　　）

　　4. 施工现场内所有防雷装置的冲击接地电阻值不得大于 10Ω。　　　　　　（　　）

　　5. 照明线路的每一个单项回路上，灯具和插座数量不宜超过 20 个，并应装设熔断电流为 10A 及以下的熔断保护器。　　　　　　　　　　　　　　　　　　　　（　　）

项目5 建筑机械使用安全管理与技术

 学习目标

掌握塔式起重机安装、使用、拆卸过程中的安全知识和安全技能；掌握施工升降机在安装、使用、拆卸过程中的安全知识和安全技能；掌握常见土石方机械的安全使用要求。

 案例引入

2022年9月，某工地塔式起重机（塔吊）拆除施工过程中发生塔式起重机大臂掉落。据调查分析，在拆除作业过程中无管理人员旁站监督，不按方案施工，拆除单位冒险蛮干，安全责任和措施落实不到位，是导致事故发生的重要原因。

任务5.1 塔式起重机

塔式起重机简称塔吊，是建筑工地常用的起重机械。塔吊在施工中主要用于建筑结构和工业设备中安装、吊运建筑材料和建筑构件。它的主要作用是重物的垂直运输和施工现场内的短距离水平运输。国家体育场"鸟巢"主要由巨大的门式刚架组成，共有24根桁架柱，每根柱子的吊装都展示了中国技艺的精湛。施工现场的塔吊如图5-1、图5-2所示。

施工起重机械
使用安全常识

图5-1 施工现场塔吊（一）

图5-2 施工现场塔吊（二）

1. 塔式起重机的分类

（1）按有无行走机构可分为移动式塔式起重机和固定式塔式起重机

1）移动式塔式起重机分为轨道式、轮胎式、汽车式、履带式四种。

2）固定式塔式起重机分为附着自升式和内爬式两种。

（2）按变幅方式分类

81

1) 小车变幅塔式起重机：起重小车沿起重臂运行进行变幅的塔式起重机。

2) 动臂变幅塔式起重机：臂架做俯仰运动进行变幅的塔式起重机。

3) 折臂式塔式起重机：根据起重作业的需要，臂架可以弯折的塔式起重机。它可以同时具备动臂变幅和小车变幅的性能。

（3）按塔身结构回转方式分类

可分为下回转（塔身回转）和上回转（塔身不回转）塔式起重机。

2. 塔吊的技术参数

（1）起重力矩

起重力矩是衡量塔吊起重能力的主要参数。起重力矩＝起重量×工作幅度。

（2）起重量

起重量是以起重吊钩上所悬挂的索具与重物的重量之和计算的。起重量应考虑两个数据：一是最大工作幅度时的起重量，二是最大额定起重量。

（3）工作幅度

工作幅度也称回转半径，是起重吊钩中心到塔吊回转中心线之间的水平距离（m），它是根据建筑物尺寸和施工工艺要求确定的。

（4）起升高度

在最大工作幅度时，吊钩中心线至轨顶面（轮胎式、履带式至地面）的垂直距离（m），该值是根据建筑物尺寸和施工工艺要求确定的。

（5）轨距

根据塔吊的整体稳定性和经济效果确定。

3. 塔式起重机的安全装置

塔吊是大型工程机械，为了保证塔机的正常与安全使用，必须强制要求塔机在安装时具备规定的安全装置。

（1）起重力矩限制器

塔吊在吊装物体时，吊装半径和吊物重量的乘积是一个不变的定数。根据这个原理制作了起重力矩限制器，主要作用是防止超载。

（2）起重量限制器

起重量限制器的作用是保护起吊物品的重量不超过塔机允许的最大起重量，用以防止塔机的吊物重量超过最大额定荷载，避免发生机械损坏事故。

（3）起升高度限位器

起升高度限位器是用来限制吊钩接触到起重臂头部或载重小车之前，或是下降到最低点（地面或地面以下若干米）以前，使起升机构自动断电并停止工作，防止因起重钩起升过度而碰坏起重臂的装置。

（4）行程限位器

小车行程限位器设于小车变幅式起重臂的头部和根部，用来切断小车牵引机构的电路，防止小车越位。大车行程限位器用来防止起重机脱轨。

（5）夹轨钳

用来夹紧钢轨，防止起重机在大风情况下被风力吹动行走造成塔机出轨倾翻事故的装置。

（6）风速仪

自动记录风速，当六级风速以上时自动报警。

（7）钢丝绳防脱槽装置

主要用以防止钢丝绳在传动过程中，脱离滑轮槽而造成钢丝绳脱槽。

（8）吊钩保险

防止起吊钢丝绳由于角度过大或挂钩不妥时，造成起吊钢丝绳脱钩，导致吊物坠落事故的装置。

4. 塔吊安全操作规程

为了保障塔吊作业安全，除配置必要的安全装置外，操作人员还要注意遵循塔吊的安全操作规程：

（1）操作前检查

1）上班必须进行交接班手续，检查机械履历书、交接班记录等资料的填写情况及记载事项。

2）检查各主要螺栓的紧固情况，焊缝及主角钢无裂纹、开焊等现象。

3）检查机械传动齿轮箱、液压油箱等的油位符合标准。

4）检查各部制动轮、制动带（蹄）无损坏，制动灵敏；吊钩、滑轮、卡环、钢丝绳应符合标准；安全装置（力矩限制器、重量限制器、行走、高度变幅限位及大钩保险等）灵敏、可靠。

5）操作系统、电气系统接触良好，无松动、无导线裸露等现象。

6）对于带有电梯的塔机，必须验证全部安全装置安全可靠。

7）配电箱在送电前，联动控制器应在零位；合闸后，检查金属结构部分无漏电方可上机。

8）所有电气系统必须有良好的接地或接零保护。每 20m 作一组接地且不得与建筑物相连，接地电阻不得大于 4Ω。

9）起重机各部位运转时 1m 以内不得有障碍物。

10）塔式起重机操作前应进行空载运转或试车，确认无误方可投入生产。

（2）安全操作

1）司机必须按所驾驶塔式起重机的起重要求进行作业。

2）机上各种安全保护装置运转中发生故障、失效或不准确时，必须立即停机修复，严禁带病作业或在运转中进行维修保养。

3）司机必须在佩有指挥信号袖标的人员指挥下严格按照指挥信号、旗语、手势进行操作。操作前应发出音响信号，对指挥信号分辨不清时不得盲目操作。对错误指挥有权拒绝执行或主动采取防范或相应紧急措施。

4）起重量、起升高度、变幅等安全装置显示或接近临界警报值时，司机必须密切关注，严禁强行操作。

5）操作时司机不得闲谈、吸烟、看书、看报和做其他与操作无关的事情。不得擅离操作岗位。

6）当吊钩滑轮组起升到接近起重臂时应用低速起升。

7）严禁重物自由下落，当起重物下降接近就位点时，必须采取慢速就位。重物就位

塔吊使用
安全管理

时，可用制动器使之缓慢下降。

8）使用非直撞式高度限位器时，高度限位器调整为：吊钩滑轮组与对应的最低零件的距离不得小于 1m，直撞式不得小于 1.5m。

9）严禁用吊钩直接悬挂重物。

10）操纵控制器时，必须从零点开始，推到第一挡，然后逐级加挡，每挡停 1～2s，直至最高挡。当需要传动装置在运动中改变方向时，应先将控制器拉到零位，待传动停止后再逆向操作，严禁直接变换运转方向。对慢就位挡有操作时间限制的塔式起重机，必须按规定时间使用，不得无限制使用慢就位挡。

11）操作中平移起重物时，重物应高于其所跨越障碍物高度至少 100mm。

12）起重机行走到接近轨道限位时，应提前减速停车。

13）起吊重物时，不得提升悬挂不稳的重物，严禁在提升的物体上附加重物，起吊零散物料或异形构件时必须用钢丝绳捆绑牢固，应先将重物吊离地面约 50cm 停住，确定制动、物料绑扎和吊索具，确认无误后方可指挥起升。

14）起重机在夜间工作时，必须有足够的照明。

15）起重机在停机、休息或中途停电时，应将重物卸下，不得把重物悬吊在空中。

16）操作室内，无关人员不得进入，禁止放置易燃物和妨碍操作的物品。

17）起重机严禁乘运或提升人员。起落重物时，重物下方严禁站人。

18）起重机的臂架和起重物件必须与高低压架空输电线路保持安全距离。

19）两台塔式起重机同在一条轨道上或两条相平行或相互垂直的轨道上进行作业时，应保持两机之间任何部位的安全距离不得低于 5m。

20）遇有恶劣气候如大雨、大雪、大雾和施工作业面有六级（含六级）以上的强风影响、起重机发生漏电现象、钢丝绳严重磨损，达到报废标准、安全保护装置失效或显示不准确应暂停吊装作业。

21）司机必须经由扶梯上下，上下扶梯时严禁手携工具物品。

22）严禁在塔机上向下抛掷任何物品或便溺。

23）冬季在塔机操作室取暖时，应采取防触电和火灾的措施。

24）凡有电梯的塔式起重机，必须遵守电梯使用说明书中的规定，严禁超载和违反操作程序。

25）多机作业时，应避免两台或两台以上塔式起重机在回转半径内重叠作业。特殊情况需要重叠作业时，必须保证臂杆的垂直安全距离和起吊物料时相互之间的安全距离，并有可靠安全技术措施，经主管技术领导批准后方可施工。

26）动臂式塔式起重机在重物吊离地面后起重、回转、行走三种动作可以同时进行，但变幅只能单独进行，严禁带载变幅。允许带载变幅的起重机，在满负荷或接近满负荷时，不得变幅。

27）起升卷扬不安装在旋转部分的起重机，在起重作业时，不得顺一个方向连续回转。

28）装有机械式力矩限制器的起重机，在多次变幅后，必须根据回转半径和该半径的额定负荷，对超负荷限位装置的吨位指示盘进行调整。

29）弯轨路基必须符合规定，起重机拐弯时应在外轨面上撒上沙子，内轨轨面及两翼涂上润滑脂。配重箱应转至拐弯外轮的方向。严禁在弯道上进行吊装作业或吊重物转弯。

（3）停机后检查

1）塔式起重机停止操作后，必须选择塔式起重机回转时无障碍物和轨道中间合适的位置及臂顺风向停机，并锁紧全部的夹轨器。

2）凡是回转机构带有常闭或制动装置的塔式起重机，在停止操作后，司机必须扳开手柄松开制动，以便起重机能在大风吹动下顺风向转动。

3）应将吊钩起升到距起重臂最小距离不大于5m位置，吊钩上严禁吊挂重物。在未采取可靠措施时，不得采用任何方法限制起重臂随风转动。

任务5.2 施工升降机

施工升降机

施工升降机又称施工电梯，也称为室外电梯、工地提升吊笼。施工升降机是建筑中经常使用的载人载货施工机械，主要用于高层建筑的内外装修、桥梁、烟囱等建筑的施工。由于其独特的箱体结构让施工人员乘坐起来既舒适又安全。施工升降机在工地上通常是配合塔吊使用。一般的施工升降机载重量在1～10t，运行速度为1～60m/min。

1. 施工升降机的组成

施工升降机主要由金属结构、驱动机构、安全保护装置和电气控制系统等部分组成。

（1）金属结构由吊笼、底笼、导航架、对重、天轮架及小起重机构、附墙架等组成。

（2）施工升降机的驱动机构一般有两种形式，一种为齿轮齿条式，另一种为卷扬机钢丝绳式。

（3）施工升降机的安全保护装置

1）天窗限位：当天窗被人为打开时，此开关断开，切断控制回路。

2）底部缓冲弹簧：梯笼失控下坠时，减缓梯笼与地面的冲击，每个梯笼2个弹簧。

3）操作平台（急停开关）：非自动复位型，任何时候均可切断控制电路停止梯笼运行。

4）超载保护装置：在载荷达到额定载重量的110%前应能中止吊笼启动，在载荷达到额定载重量的90%时应能给出报警信号。

5）限速器：是施工升降机的主要安全装置，它可以限制吊笼的运行速度。

（4）电气控制系统

施工升降机的每个吊笼都有一套电气控制系统。施工升降机的电气控制系统包括电源箱、电控箱、操作台和安全保护系统等。

2. 安装与拆卸的安全管理

从安装到使用到拆卸必须有详细的施工方案。安装单位、拆卸单位必须具备相关资格证书。特种设备必须经过当地安检部门备案、有年检手续。施工过程中，相关操作人员必须经过安全培训，并具备操作资格证书。严格监督操作人员按规章制度操作。使用中一定要按规定对相关部件进行维修、检查，发现安全隐患及时排除。要制定完善的应急响应预案，在发生危险时，按应急响应预案进行报告、救援、保护现场。

（1）安装前准备工作

1）设备运抵现场等待安装时，应首先检查设备在运输过程中有无损伤现象，各配套件及随机零部件有无遗失。

2）安装前应将所需部件准备好，特别是附着装置用的各种连接件和标准件。

3）如现场配有其他起重设备（如塔吊、汽车吊等）协助安装，可以在地面上将4～6个导轨架标准节先组装好，同时将各部件的泥土等杂物清理干净。

4）必要的辅助设备：汽车吊（或塔吊）一台、全站仪一台。

（2）安装注意事项

1）当遇大雨、大雪、大雾或风速大于13m/s等恶劣天气时，应停止安装作业。

2）安装底座前基础应做好防雷接地。

3）安装标准节的垂直度误差控制在1‰内，当垂直度无法满足时，在底架与基础节之间使用垫铁矫正，并将底架所有紧固螺栓紧固，安装缓冲弹簧。

4）电气接线时应将电源从施工升降机专用开关箱引至电控柜中，开关箱应设置在距升降机围栏不大于3m处。

5）安装附着装置时，应测量导轨架的垂直度，若垂直度超过规定值，可调节附着装置上的调节螺栓，直至导轨架垂直度符合要求，附墙架倾角须小于8°。

6）上极限限位挡板的安装位置应保证上限位开关之间的越程距离为0.15m。

7）防坠安全器要在标定有效期内使用。使用年限不得超过5年，每年必须到正规的检测单位进行年检，并出具合格的检测报告。

8）超载保护装置的调试应在吊笼静止时进行，应保证吊笼载荷达到额定载荷的90%时给出清晰报警信号。在载荷达到额定载荷的110%前，应能终止吊笼启动。

9）试运转及载荷试验后，经自检、第三方检测、四方验收合格后，方可投入使用。使用单位在验收后30日内到有关部门办理使用登记。加节与附着后必须四方验收合格方可使用。

（3）安装后检查项目见表5-1。

检查项目及检查内容　　　　　　　　　　　　　　　　表5-1

序号	检查项目	检查内容
1	地脚螺栓、周边环境、电缆	1. 检查地脚螺栓的紧固情况； 2. 检查输电线距塔机最大旋转部分的安全距离； 3. 检查电缆通过情况，以防损坏
2	导轨架	检查标准节连接螺栓的紧固情况
3	围栏 栏杆 司机室	1. 检查电缆的通行情况； 2. 检查平台、栏杆的紧固情况； 3. 检查司机室的连接情况； 4. 司机室内严禁存放润滑油、油棉纱及其他易燃物品
4	机构	1. 检查各机构的安装、运行情况； 2. 检查各机构的制动器间隙调整是否合适
5	安全保护装置	1. 检查各安全保护装置是否按说明书的要求调整合格； 2. 检查梯笼上所有扶梯、栏杆、休息平台的安装紧固情况
6	润滑	根据使用说明书检查润滑情况

3. 施工升降机使用安全注意事项

（1）持证上岗及操作规程管理

每台升降机应至少配备 2 名操作人员，且持证上岗，操作人员必须遵守安全规程和电梯"十不开"的规定，即：超过额定载重量不开；安全装置失灵不开；物件装得太大，不好关门不开；物件超长超出紧急出口天窗不开；物件堆放不牢固、不可靠不开；电梯门未关好不开；可燃易爆危险品无防护措施不开；电梯运行速度比平时超快或超慢不开；有人把头、脚、手伸出梯笼外不开；电梯运行时发现异响或碰撞震动等情况不开。

（2）使用单位应定期对操作人员进行书面安全技术交底及监督检查。

（3）每班首次载重运行时，当吊笼离地面 1～2m 时，应停机试验制动器的可靠性。

（4）严禁超载及运送超长、超高的物料。运行到最上和最下层时，严禁用行程限位开关作为运行控制开关。

（5）当遇大雨、大雪、大雾、升降机顶部风速超过 20m/s 或导轨架、电缆表面结有冰层时不得使用施工升降机。

（6）当运行中由于断电或其他原因而中途停止时，可进行手动下降，手动下降必须由专业维修人员进行操作。

（7）下班前，操作人员应将吊笼降到底层，控制开关拨到零位，切断电源，并做好交接班记录，锁好吊笼门。

（8）施工升降机在检修、保养时，两个吊笼应同时停止作业，并悬挂"正在检修"的标示牌。

（9）新机首次运行一周后，必须更换减速器润滑油。

4. 其他安全技术措施

（1）要在明显位置悬挂安全操作规程及额定载重（多少吨）及限载人数、备案情况、负责人、司机操作证等。

（2）基础周围防护围栏高度要大于 1.8m，基础 5m 内，不得挖沟，不得堆放杂物。

（3）吊笼顶要有安全护栏，不得低于 1.1m，设置挡脚板。

（4）金属结构和电气设备金属外壳均应接地，接地电阻不大于 4Ω。

（5）建筑物超过 2 层，要搭设防护棚；高度超过 24m，要设置双层防护棚。

（6）停工 6 个月以上，重新验收，严禁在运行过程中进行维修保养。

（7）定期检测垂直度，并形成记录，见表5-2。

垂直度检查表　　　　　　　　　　　　　　　　　　　　　　　表 5-2

导轨架架设高度 h（m）	$h \leqslant 70$	$70 < h \leqslant 100$	$100 < h \leqslant 150$	$150 < h \leqslant 200$	$h > 200$
垂直度偏差（mm）	不大于 $(1/1000)\,h$	$\leqslant 70$	$\leqslant 90$	$\leqslant 110$	$\leqslant 130$
	对钢丝绳式施工升降机，垂直度偏差不大于 $(1.5/1000)\,h$				

5. 隐患排查治理

（1）施工升降机常见安全隐患

1）施工电梯外侧未采用联锁装置；

2）施工升降机卸料口无防护门；

3）架体外围未使用安全网封闭；

4）施工升降机专用配电箱无防护棚；

5）开关箱接线未过漏电保护器；

6）施工升降机驾驶室内电缆未按要求敷设；

7）施工升降机轨道高度不够，且未设置上极限限位装置，存在冒顶隐患；

8）施工升降机底部存在杂物；

9）施工升降机基础积水，无排水措施。

（2）施工升降机检查重点内容

1）按规定进行班前和班后保养工作。作业前检查，应在全高度内试运行一次。雨后应检查各电气元件的受潮情况，发现问题及时处理。

2）检查和确保上下左右滚轮紧固可靠，齿条靠背轮及传动底板各部螺栓无变形、松动。

3）检查吊笼单、双门及底笼门的限位开关和有关对重吊点限位开关、紧急开关、极限断路开关等的功能应正常，并分别试验断路动作。

4）检查制动器制动行程和分离灵敏度，运行中应无噪声和过热现象。

5）检查漏电保护器功能应可靠，保护接地应无断路，外接配电箱无电焊机负载。

6）检查所有导轨井架结构连接螺丝应无松动、变形、焊口断裂等现象。

7）定期检查齿条钢丝绳、变频调速装置及液压升降机液压系统并按规定进行保养。

8）做好全机清洁工作，并按规定进行润滑作业。

任务5.3 土石方机械

土石方机械在房屋建筑、交通运输、农田水利和国防建设等工程建设中起着十分重要的作用。近年来，我国在土石方机械制造方面取得了举世瞩目的成绩。我国自主生产的"京华号"超大直径盾构机，是集机械、电气、液压、信息、传感、光学等尖端技术于一体，使高强度、高风险、高污染的隧道掘进作业转变成相对安全、高效的绿色施工模式。

土方施工机械

常见的土石方机械有推土机、铲运机、平地机、挖掘机、装载机、工程运输车、压实机等，如图5-3～图5-9所示。

图5-3 推土机

图5-4 铲运机

图 5-5 平地机

图 5-6 挖掘机

图 5-7 装载机

图 5-8 工程运输车

1. 推土机的安全使用要求

（1）发动机启动后，严禁有人站在履带上或推土刀支架上。推土机工作前，工作区内如有大块石块或其他障碍物，应先予以清除，如图 5-10 所示。

（2）推土机工作应平稳，吃土不可太深，推土刀起落不要太猛。推土刀距地面距离一般以 0.4m 为宜，不要提得太高。

（3）推土机在坡道上行驶时，上坡坡度不得超过 25°，下坡坡度不得大于 35°。横向坡度不得大于 10°，在陡坡上（25°以上）严禁横向行驶。

图 5-9 压实机

（4）推土机纵向在陡坡上行驶，不得做急转弯动作；上下坡应用低速挡行驶，不许换挡，下坡时严禁脱挡滑行。

（5）在上坡途中，若发动机突然熄火应立即将推土刀放到地面，踏下并锁住制动踏板，待推土机停稳后，再将主离合器脱开，把变速杆放到空挡位置，用三角木块将履带或轮胎楔死，然后重新启动发动机。

图 5-10　推土机安全使用要求

（6）推土机在 25°以上坡度上进行推土时，应先进行填挖，待推土机能保持本身平衡后，方可开始工作。

（7）填沟或驶近边坡时，禁止推土刀越出边坡的边缘。换好倒车挡后，方可提升推土刀，进行倒车。

（8）在深沟、陡坡地区作业时，应有专人指挥。

（9）推土机在基坑或深沟内作业时，应有专人指挥。基坑与深沟一般不得超过 2m。若超过上述深度时，应放出安全边坡，同时禁止用推土刀侧面推土。

（10）推土机推树时，应注意高空杂物和树干的倒向。

（11）推土机推围墙或屋顶时，用大型推土机，墙高不得超过 2.5m；用中小型推土机，墙高不得超过 1.5m。

（12）在电线杆附近推土时，应保持一定的土堆。土堆大小可根据电杆结构、掩埋深度和土质情况，由施工人员确定，土堆半径一般不应小于 3m。

（13）数台推土机同在一个场地作业时，左右距离不得小于 1.5m，前后距离不得小于 8m。

（14）推土机在有负荷情况下，禁止急转弯。履带式推土机在高速行驶时，避免履带脱落或损坏走行机构。

（15）工作时间内，司机不得随意离开工作岗位。

（16）推土机在工作时，严禁进行维修、保养，并禁止人员上下。

（17）夜间施工，工作场所应有良好的照明。

（18）在雨天泥泞土地上，推土机不得进行推土作业。

2. 挖掘机的安全使用要求

（1）石块粒径不得大于 1/2 铲斗口宽度，不得挖掘较大的坚硬石块和障碍物。

（2）在悬崖下或超高工作面工作时，应预先做好安全防护措施。

（3）禁止用铲斗去破碎冻土、石块等物。

（4）挖掘机作业时铲斗不应一次掘进过深。

（5）挖掘机作业时提斗不应过猛。

（6）落斗要轻快。

（7）挖掘机作业时回转和制动要平稳。

（8）挖掘机作业时铲斗未离开土层不得转向。

（9）挖掘机作业时不得以铲斗或斗柄以回转动作横向拨动重物或汽车。

（10）挖掘机作业时凡是离开驾驶室不论时间长短，铲斗必须落地。

（11）挖掘机装车时铲斗不得在驾驶室顶上越过，卸车时，尽量放低，汽车装满后，要鸣喇叭通知驾驶员。

（12）挖掘机铲斗满载悬空时，不得变更铲臂倾角。

（13）挖掘机运转时，禁止进行任何保养、润滑、调整和修理工作。对铲臂顶端滑轮和钢丝绳进行检修、保养或拆换时，必须在铲臂下降落地后进行。

（14）挖掘机不论在作业或行走时，机体与架空输电线应保持安全距离，如不能保持安全距离，必须待停电后方可工作，遇有大风、雷雨、大雾等天气时，机械不得在高压线附近作业。

（15）挖掘机在埋地电缆区附近作业时，必须查清电缆走向，用石灰或明显的标志画在地面上，并保持在1m以外的距离处挖掘，如不能满足以上要求，需会同有关人员研究，采取其他必要的防护措施后方可作业。

（16）挖掘机反铲、拉铲作业、铲斗满装后不得继续铲土，以免过载。

（17）在挖掘基坑、沟渠、河道时，应根据深度、坡度、土质情况确定机械离边坡距离，防止边坡坍塌造成事故。

（18）挖掘机行走时，主动轮在后面，铲臂和履带平行，回转台制动住，铲斗离地面1m左右。

（19）挖掘机上下坡度不得超过15°，上大坡时应用外力协助，下坡应慢速行驶。铲斗底应距地面保持在20～30cm。

（20）挖掘机严禁在坡上换挡变速和空挡滑行。

（21）挖掘机转弯不应过急过大，如弯道过大，应分次转弯，每次在20°左右。

（22）挖掘机通过桥梁、涵洞、管道时，应先了解其承载能力；通过铁路应铺设木板或草垫；禁止在轨道上转向。

（23）挖掘机通过松软或泥泞地面应用道木垫实，行走速度不得超过5km/h，并在行走前彻底润滑行走机构，长距离运行应用平板拖车装运。

（24）挖掘机非作业行驶时，铲斗必须用锁紧链条挂牢在运输行驶位置上，机上任何部位不得载人或装载易燃、易爆物品。

（25）工作结束后将挖掘机驶离工作区，停放在安全平坦的地方，将机身转正，落下铲斗，将所有操纵杆置于空挡位置，各制动器手柄放在制动位置，冬季时使内燃机朝向南面，并应将冷却水放净，做好每班保养工作，关锁门窗后，方可离开工作岗位。

3. 装载机的安全使用要求

（1）刹车、喇叭、方向机应齐全、灵敏，在行驶中要遵守交通规则。若需经常在公路上行驶，司机须持有"机动车驾驶证"。

（2）装载机在配合自卸汽车工作时，装载时自卸汽车不要在铲斗下通过。

（3）装载机在满斗行驶时，铲斗不应提升过高，一般距地面0.5m左右为宜。

（4）装载机行驶时应避免不适当的高速和急转弯。

（5）当装载机遇到阻力增大，轮胎（或履带）打滑和发动机转速降低等现象时，应停止铲装，切不可强行操作。

（6）在下坡时，严禁装载机脱挡滑行。

（7）装载机在作业时斗臂下禁止有人站立或通过。

（8）装载机动臂升起后在进行润滑和调整时，必须装好安全销或采取其他措施，防止动臂下落伤人。

（9）装载机在工作中，应注意随时清除夹在轮胎（或履带）间的石渣。

（10）夜间工作时装载机及工作场所应有良好的照明。

（11）遇有水沟、土埂等障碍物时，不可强行通过。

（12）在高台边作业时，应有专人指挥。

（13）在深基坑边缘作业时，装载机距离基坑边缘的距离应符合规定要求，并设专人指挥。

（14）装载机作业或行驶过程中，坡度不得超过装载机允许的最大坡度。

（15）操作装载机行驶过程中，装载机距离路基边缘的距离应符合规定要求。

（16）将装载机驶离工作现场，将机械停放在平坦的安全地带。

（17）松下铲斗，并用方木垫上。清除斗内泥土及砂石。

（18）装运装载机时，当铲刀超过拖车宽度时，应拆除铲斗。

4. 铲运机的安全使用要求

（1）铲运机在四级以上土壤作业时，应先翻松，并清除障碍物。

（2）作业前，应检查钢丝绳、轮胎气压、铲土斗、卸土回缩弹簧、拖把万向接头、撑杆及全部滑轮等。液压铲运机还应检查各液压管接头、控制阀等，确认正常后，方可启动。

（3）作业时，严禁任何人上下机械传递物件，并且严禁在铲斗内、拖把或机架上坐立。

（4）两台铲运机同时作业时，拖式铲运机前后距离不得少于10m，自行式铲机不得少于20m。平行作业时两机间隔不得少于2m，在狭窄地区不得强行超车。

（5）铲运机上下坡时，应低速行驶，不得中途换挡，下坡时严禁脱挡滑行，行驶的横向坡度不得超过6°，坡宽应大于机身2m以上，在新填筑的土堤上作业时，离坡边缘不得小于1m。

（6）需要在斜坡横向作业时，须先挖填使机身平稳，作业中不得倒退。

（7）在不平场地上行驶及转弯时，严禁将铲运斗提升到最高位置。

（8）行驶时，应支线让干线，空载让重载，下坡让上坡。

（9）在坡道上不得进行检修作业，在陡坡上严禁转弯、倒车和停车，在坡上熄火时应铲斗落地、制动牢靠后，再行启动。

（10）铲土时，应直线行驶，助铲时应有助铲装置，正确掌握斗门开启的大小，不得切土过深，两机要相互配合，尽量做平稳接触，等速助铲。

（11）夜间作业，前后照明应齐全完好，自行式铲运机的大灯光改为小灯光，并低速靠边行驶。

（12）拖拉陷车时，应有专人指挥，前后操纵人员应协调，确认安全后，方可起步。

（13）自行式铲运机的差速器锁，只能在直线行驶的泥泞路面上短时间使用，严禁在差速器锁住时转弯。

（14）非作业行驶，铲斗必须用锁紧链条挂牢在运输行驶位置上，机上任何部位不得载人或装载易燃易爆等物品。

（15）修理斗门或在铲斗下检修作业时，必须把铲斗升起后用销或锁紧链条固定，再用垫木将斗身顶住，并制动住轮胎。

（16）作业后，应将铲运机停放在平坦地面并将铲斗落在地面上，液压操纵的应将液压缸缩回，将操纵杆放在中间位置，进行清洁、润滑后锁好窗。

5. 平地机的安全使用要求

（1）不平度较大的地面作业时，应先用推土机推平，再用平地机整平。

（2）平地机作业区应无树根、石块等障碍物。对于土质坚实的地面，应先用松土器翻松。

（3）刮刀的回转与铲土角的调整以及向机外倾斜的操作，都必须在停机时进行。

（4）行驶时应将刮刀和松土器升到最高位置，并将刮刀斜放，刮刀两端不得超出后轮外侧。行驶速度不得大于 20km/h。

（5）作业后应停放在平坦、安全的地方，将刮刀落地，拉上制动器。

6. 压路机的安全使用要求

（1）压路机碾压的工作面，应经过适当平整，对新填的松软路基，应先用羊足碾或打夯机逐层碾压或夯实后，方可用压路机碾压。

（2）当土的含水率超过 30% 时不得碾压，含水率低于 5% 时，宜适当洒水。

（3）工作地段的纵坡不应超过压路机最大爬坡能力，横坡不应大于 20°。

（4）应根据碾压的要求选择机重。当光轮压路机需要增加机重时，可在滚轮内加砂或水。当气温降至 0℃ 时，不得用水增重。

（5）轮胎压路机不宜在大块石基础层作业。

（6）作业前，各系统管路及接头部分应无裂纹、松动和泄漏现象，滚轮的刮泥板应平整良好，各紧固件不得松动，轮胎压路机还应检查轮胎气压，确认正常后方可启动。

（7）不得用牵引法强行启动内燃机，也不得用压路机拖拉任何机械或物件。

（8）启动后，应进行试运转，确认运转正常，制动及转向功能灵敏可靠，方可作业。开动前，压路机周围应无障碍物或人员。

（9）碾压时应低速行驶，变速时必须停机。速度宜控制在 3～4km/h 范围内，在一个碾压行程中不得变速。碾压过程中应保持正确的行驶方向，碾压第二行时必须与第一行重叠半个滚轮压痕。

（10）变换压路机前进、后退方向，应待滚轮停止后进行。不得利用换向离合器作制动用。

（11）在新建道路上进行碾压时，应从中间向两侧碾压。碾压时，距路基边缘不应少于 0.5m。

（12）碾压傍山路基时，应由里侧向外侧碾压，距路基边缘不应少于 1m。

（13）上下坡时，应事先选好挡位，不得在坡上换挡，下坡时不得空挡滑行。

（14）两台以上压路机同时作业时，前后间距不得小于 3m，在坡道上不得纵队行驶。

（15）在运行中，不得进行修理或加油。需要在机械底部进行修理时，应将内燃机熄火，用制动器制动住，并搛住滚轮。

（16）作业后，应将压路机停放在平坦坚实的地方，并制动住。不得停在土路边缘及斜坡上，也不得停放在妨碍交通的地方。

（17）严寒季节停机时，应将滚轮用木板垫离地面。

（18）压路机转移工地距离较远时，应采用汽车或平板拖车装运，不得用其他车辆拖拉牵运。

7. 强夯机的安全使用要求

（1）凡患有高血压及视力不清等病症的人员，不得进行强夯机机上作业。

（2）强夯机驾驶人员及操作者，须取得有关部门批准的驾驶证或操作证后方准开车。禁止其他人员擅自操作。

（3）夯土机械的负荷线应采用耐气候型的四芯橡皮护套铜芯软电缆，电缆线长短应不大于 50m。

（4）为减少吊锤机械吊臂在夯锤下落时的晃动及反弹，应专门设置吊臂撑杆系统。开机前，必须检查吊锤机械各部位是否正常及钢丝绳有无磨损等情况，发现问题及时处理。

（5）吊锤机械停稳并对好坑位后方可进行强夯作业，起吊夯锤时速度应均匀，夯锤或挂钩不得碰撞吊臂，应在适当位置挂废汽车外胎加以保护。

（6）夯锤起吊后，吊臂和夯锤下 15m 内不得站人。非工作人员离开夯击点 30m 以外。

（7）干燥天气作业，可在夯击点附近洒水降尘。吊锤机械驾驶室前面宜在不影响视线的前提下设置防护罩。驾驶员应戴防护眼镜，预防落锤弹起砂石，击碎驾驶室玻璃伤害驾驶员。

（8）夯机的作业场地应平整，门架底座与夯机着地部位应保持水平，当下沉超过 100mm 时，应重新垫高。

（9）强夯机械的门架、横梁、脱钩器等主要结构和部件的材料及制作质量，应经过严格检查，对不符合设计要求的，不得使用。

（10）夯机在工作状态时，起重臂仰角应置于 70°。

（11）强夯机梯形门架支腿不得前后错位，门架支腿在未支稳垫实前，不得提锤。

（12）变换夯位后，应重新检查门架支腿，确认稳固可靠，然后再将锤提升 100～300mm，检查整机的稳定性，确认可靠后，方可作业。

（13）夯锤下落后，在吊钩尚未降至夯锤吊环附近前，操作人员不得提前下坑挂钩。从坑中提锤时，严禁挂钩人员站在锤上随锤提升。

（14）当夯锤留有相应的通气孔在作业中出现堵塞现象时，应随时清理，但严禁在锤下进行清理。

（15）当夯坑内有积水或因黏土产生的锤底吸附力增大时，应采取措施排除，不得强行提锤。

（16）转移夯点时，夯锤应由辅机协助转移，门架随夯机移动前，支腿离地面高度不得超过 500mm。

（17）操作时，不得用力推拉或按压手柄，转弯时不得用力过猛，严禁急转弯。

（18）夯实填实土方时，应从边缘以内 10～15cm 开始夯实 2～3 遍后，再夯实边缘。

（19）作业后，应将夯锤下降，放实在地面上。在非作业时严禁将锤悬挂在空中，应切断电源，卷好电缆，如有破损应及时修理或更换。

8. 碎石机的安全使用要求

（1）固定式碎石机底座和混凝土基座间应垫以硬木。移动式碎石机的机座，必须用支腿顶好、用方木垫实，保持机身平稳。

（2）作业前，检查飞轮转动方向必须与箭头指示方向一致，颚板无石块卡住，防护罩应齐全牢固，接地（接零）保护良好，方可启动。

（3）作业中，不得送入大于规定的石料，注意勿使石块嵌入碎石机的张力弹簧中。

（4）作业中，送料必须均匀，自由落入，严禁用手、脚或撬棍等强行推入。

（5）作业中，严禁将手伸进轧石斗内。

（6）如发现送入的石料不能轧碎时，应立即停机取出。

（7）作业中，如发现送料不正常或轴承温度测试超过 60℃，应停机检查，排除故障后，方可继续作业。

（8）碎石机应设防尘装置或喷水防尘。作业时，操作人员须戴防尘面罩或防尘口罩。

（9）作业停止前，必须将已送入的石料全部轧完。作业后，切断电源，清扫机械。

9. 风动凿岩机的安全使用要求

（1）风动凿岩机的使用条件：风压宜为 0.5～0.6MPa，风压不得小于 0.4MPa；水压应符合要求；压缩空气应干燥；水应用洁净的软水。

（2）使用前，应检查风管、水管，不得有漏水、漏气现象，并应采用压缩空气吹出风管内的水分和杂物。应向自动注油器注入润滑油，不得无油作业。

（3）将钎尾插入凿岩机头，用手顺时针应能够转动钎子，如有卡塞现象，应排除后开钻。

（4）开钻前，应检查作业面，周围石质应无松动，场地应清理干净，不得遗留瞎炮。

（5）在深坑、沟槽、隧道、洞室施工时，应根据地质和施工要求，设置边坡、顶撑或固壁支护等安全措施，并应随时检查及严防冒顶塌方。

（6）严禁在废炮眼上钻孔和骑马式操作。钻孔时，钻杆与钻孔中心线应保持一致。

（7）风管、水管不得缠绕、打结，并不得受各种车辆碾压。不应用弯折风管的方法停止供气。

（8）开钻时，应先开风、后开水；停钻后，应先关水、后关风；并应保持水压低于风压，不得让水倒流入凿岩机汽缸内部。

（9）使用手持式凿岩机垂直向下作业时，体重不得全部压在凿岩机上，应防止钎杆断裂伤人。凿岩机向上方作业时，应保持作业方向并防止钎杆突然折断，并不得长时间全速空转。

（10）在离地 3m 以上或边坡上作业时，必须系好安全带。不得在山坡上拖拉风管，当需要拖拉时，应先通知坡下的作业人员撤离。

（11）在洞室等通风条件差的作业面，必须采用湿式作业。在缺乏水源或不适合作业的地方作业时，应采取防尘措施。

（12）夜间或洞室内作业时，应有足够的照明。洞室施工应有良好的通风措施。

（13）作业后，应关闭水管阀门，卸掉水管，进行空运转，吹净机内残存水滴，再关闭风管阀门。

任务 5.4 桩 工 机 械

桩工机械是进行桩基础工程施工的各种机械设备的总称。桩基础由桩和承台组成，施工的关键在于成桩。桩按施工方法的不同，分为预制桩和灌注桩两大类。

预制桩施工是将预制好的桩沉入设计要求的深度；灌注桩施工是先在地基上按设计要求的位置、尺寸成孔，然后在孔内置筋、灌注混凝土而成桩。

预制桩沉桩方法采用打入法、振动法和静压法三种方法施工。所用的机械：打入法主要用落锤、柴油锤、液压锤等；振动法用振动锤；各种桩锤和桩架合起来称为打桩机（静压法则用静力压桩机）。

灌注桩的成孔方法主要有挤土成孔和取土成孔两种。挤土成孔可用打入法或振动法将一端封闭的钢管沉入土层中，然后拔出钢管，即可成孔，它不适用于较大直径的灌注桩；取土成孔可以用螺旋钻孔机、回转斗钻孔机、潜水钻孔机、全套管钻机等成孔机械。

1. 打桩机的组成

（1）桩锤

桩锤是打桩机的工作装置，提供沉桩能量。桩锤可分为落锤、蒸汽锤、柴油锤、液压锤和振动锤，前 4 种靠打入法沉桩，后一种靠振动法沉桩。桩锤除用于沉预制桩外，还可配以钢管桩、施工沉管灌注桩。

（2）桩架

桩架是桩工机械的重要组成部分，用来悬挂桩锤、吊桩就位和沉桩导向的。它还可用来安装各种成孔装置，为成孔装置导向。按桩架移动方式，有履带式、轮胎式、轨道式、步履式等。履带式使用最方便、应用最广、发展最快；按桩架结构形式，有三点支承式、悬挂式等。

（3）钻孔机

在施工灌注桩和钻孔打入预制桩时，首先要在地基上成孔。机械成孔的方法主要有挤土成孔和取土成孔。挤土成孔适于沉管灌注桩，是采用打桩机将工具式钢管桩（桩尖为活瓣或桩靴）沉入地基土中而成桩孔，一般孔径不大于 0.5m。取土成孔是利用钻孔机把桩位上的土取出成孔。常用的钻孔机有螺旋钻孔机、潜水钻孔机、全套管钻孔机和回转斗钻孔机等。

2. 打桩设备安全操作要求

（1）打桩架

1）桩机的行走、回转及提升桩锤不得同时进行。严禁偏心吊桩。正前方吊桩时，其水平距离要求混凝土预制桩不得大于 4m，钢管桩不得大于 7m。使用双向导杆时，须待导杆转向到位，并用锁销将导杆锁住后，方可起吊。

2）风速超过 15m/s 时，应停止作业，导杆上应设置缆风绳。当风速达到 30m/s 时，应将导杆放倒。当导杆长度在 27m 以上时，预测风速达到 25m/s 时，导杆也应提前放下。

3）当桩的入土深度大于 3m 时，严禁采用桩机行走或回转来纠正桩的倾斜。

4）拖拉斜桩时，应先将桩锤提升到预定位置，并将桩吊起，套入桩帽，桩尖插入桩位后再仰导杆。严禁导杆后仰以后，桩机回转即行走。桩机带锤行走时，应先将桩锤放至最低位置，以降低整机重心，行走时，驱动液压电机应在尾部位置。

5）上下坡时，坡度不应大于 9°，并应将桩机重心置于斜坡的上方，严禁在斜坡上回转。

6）作业后，应将桩架落下，切断电源及电路开关，使全部制动生效。

（2）落锤式打桩机

1）给桩架铺设的方木道路，如是单根方木道路的接头时，旁边应绑楞头，如是两根以上方木道路的接头时，其接头应交替错开。桩架一般应设三根后缆风绳，两侧应各设一根旁缆风绳。

2）桩架走到位后，应将所有托板用木楔搓实，并将桩架临时固定好。

3）拉上下钩的操作人员，应尽可能离开正前方一定距离。禁止在钩子上加润滑油。桩架一般都应配备桩帽，无帽打桩加垫层的操作，应指定有经验的技术工人担任，并应用工具进行操作。

（3）蒸汽锤打桩机

1）给走桩架铺设的方木，接头应错开，高差不平时，应用薄板找平，确保龙门垂直。组装桩架和打桩时，桩架或底座不得置于走管两端（即桩架下对称铺设的方木不少于四根），并拉好旁缆风绳。如用地锚卷扬机扳桩架时，地锚应经计算，并将桩架底座合理固定，以防滑动。

2）走桩架或桩架转向时，桩架应尽可能置于走管当中，并且预先清除路障，将走桩架的副卷扬锁绕在紧靠桩架底座的走管上，其绕向应与主管卷扬锁一致，同时务必配合松紧缆风绳。

3）高压蒸汽胶管接头都应用双道卡子卡紧，并应用铅丝把卡互相牵牢。如进蒸汽管路故障、蒸汽压力消失，以及卷扬机停止工作，应将机器上的全部进气阀关闭，并把放水和放气阀打开，以防锅炉总气阀开动时，卷扬机自行转动。

4）打桩机走到新桩位后，应及时将桩架左右两根旁缆风绳拉好。使用千斤顶顶桩架时，应遵守千斤顶安全和技术操作规程。

（4）柴油锤打桩机

1）用拉杆调整螺管（松紧螺母）调整打桩架是否垂直时，必须通过调整螺管内的监视孔观察。为了防止固定螺母自行松脱，螺杆的下端应用保险螺母固定，并在操作过程中经常进行检查。严禁汽缸体（活动部分）在悬空状态下走桩架。严禁桩架走到位后，没有固定好就起锤。

2）起锤时应将保险销打开，以免整个锤体被吊离桩顶，发生桩头倾倒事故。

3）打桩时，应严格控制油门进油量，谨防汽缸冲撞吊钩。并及时松卷扬绳，以免桩锤打下时猛扭钢丝绳。打桩结束后，应将桩锤放在桩架最底层，汽缸应放在活塞座上。

（5）静力压桩机

1）压桩机作业区内应无高压线路。作业区应有明显标志或围栏，非工作人员不得进入。压桩过程中，操作人员必须在距离桩中心 5m 以外监视。

2）机组人员作登高检查或维修时，必须系安全带；工具和其他物件应放在工具包内，高空人员不得向下随意抛物。

3）压桩机安装地点应按施工要求进行先期处理，应平整场地，地面应达到 35kPa 的平均地基承载力。

4）安装时，应控制好两个纵向行走机构的安装间距，使底盘平台能正确对位。

5）电源在导通时，应检查电源电压并使其保持在额定电压范围内。各液压管路连接时，不得将管路强行弯曲。安装过程中，应防止液压油过多流损。

6）安装配重前，应对各紧固件进行检查，在紧固件未拧紧前不得进行配重安装。

7）安装完毕后，应对整机进行试运转，对吊桩用的起重机应进行满载试吊。作业前应检查并确认各传动机构、齿轮箱、防护罩等良好，各部件连接牢固。作业前应检查并确认起重机起升、变幅机构正常，吊具、钢丝绳、制动器等良好。

8）应检查并确认电缆表面无损伤，保护接地电阻符合规定，电源电压正常，旋转方向正确。应检查并确认润滑油、液压油的油位符合规定，液压系统无泄漏，液压缸动作灵活。冬季应清除机上积雪，工作平台应有防滑措施。

9）压桩作业时，应有统一指挥，压桩人员和吊桩人员应密切联系，相互配合。

10）当压桩机的电动机尚未正常运行前，不得进行压桩。起重机吊桩进入夹持机构进行接桩或插桩作业中，应确认在压桩开始前吊钩已安全脱离桩体。

11）压桩时，应按桩机技术性能表作业，不得超载运行。操作时动作不应过猛，避免冲击。接桩时，上一节应提升 350～400mm，此时，不得松开夹持板。

12）顶升压桩机时，四个顶升缸应二个一组交替动作，每次行程不得超过 100mm。当单个顶升缸动作时，行程不得超过 50mm。压桩时，非工作人员应离机 10m 以外。起重机的起重臂下，严禁站人。

13）压桩过程中，应保持桩的垂直度，如遇地下障碍物使桩产生倾斜时，不得采用压桩机行走的方法强行纠正，应先将桩拔起，待地下障碍物清除后，重新插桩。

14）当桩在压入过程中，夹持机构与桩侧出现打滑时，不得随意提高液压缸压力，强行操作，而应找出打滑原因，排除故障后，方可继续进行。

15）当桩的贯入阻力太大，不能压至标高时，不得任意增加配重。应保护液压元件和构件不受损坏。

16）当桩顶不能最后压到设计标高时，应将桩顶部分凿去，不得用桩机行走的方式，将桩强行推断。

17）当压桩引起周围土体隆起，影响桩机行走时，应将桩机前进方向隆起的土铲平，不得强行通过。压桩机行走时，长、短船与水平坡度不得超过 5°。纵向行走时，不得单向操作一个手柄，应两个手柄一起动作。

18）压桩机在顶升过程中，船形轨道不应压在已入土的单一桩顶上。压桩机上装设的起重机及卷扬机的使用，应执行有关规定。严禁吊桩、吊锤、回转或行走等动作同时进行。打桩机在吊有桩和锤的情况下，操作人员不得离开岗位。

19）遇有雷雨、大雾和六级及以上大风等恶劣气候时，应停止一切作业。当风力超过七级或有风暴警报时，应将打桩机顺风向停置，并应增加缆风绳，或将桩立柱放倒在地面上。立柱长度在 27m 及以上时，应提前放倒。

20）作业完毕，应将短船运行至中间位置，停放在平整地面上，其余液压缸应全部回程缩进，起重机吊钩应升至最上部，并应使各部制动生效，最后应将外露活塞杆擦干净。

21）作业后，应将控制器放在"零位"，并依次切断各部电源，锁闭门窗，冬季应放尽全部积水。

22）转移工地时，应按规定程序拆卸。所有油管接头处应加封头螺栓，防止尘土进入。液压软管不得强行弯曲。

（6）振动打桩机

1）振动打桩机操作人员，必须熟悉机械的构造、性能、操作要领及安全注意事项，经考试合格并取得合格证后，方可单独操作。

2）操作人员在操作时，必须精力集中。不得与无关人员说、笑、打、闹，操作中不准吸烟及吃食物。严格遵守振动打桩机的有关保养规定，认真地做好各级保养，确保振动打桩机处于良好状态，并要注意合理使用，正确操作。

3）振动开始时，应用电铃或其他方式发出信号，通知周围人员离开。

4）振动下沉时，管柱（或桩）周围严禁站人。

5）振动打桩机配合射水、吸泥下沉时，应与有关人员预先联系，并在工作中互相关照。接长管柱或桩及安装桩帽时，工作人员必须佩戴安全带。

6）振动下沉过程中，严禁进行机械的保养、维护工作。

7）作业场地至电源变压器或供电主干线的距离应在 200m 以内。

8）夹桩时，不得在夹持器和桩的头部之间留有空隙，并应待压力表显示压力达到额定值后，方可指挥起重机起拔。

9）拔桩时，当桩身埋入部分被拔起 1～1.5m 时，应停止振动，拴好吊桩用钢丝绳，再起振拔桩。当桩尖在地下只有 1～2m 时，应停止振动，由起重机直接拔桩。待桩完全拔出后，在吊桩钢丝绳未吊紧前，不得松开夹持器。

10）沉柱前，应以桩的前端定位，调整导轨与桩的垂直度，不应使倾斜度超过 2°。沉桩时，吊桩的钢丝绳应紧跟桩下沉速度而放松。在桩入土 3m 之前，可利用桩机回转或导杆前后移动，校正桩的垂直度；在桩入土超过 3m 后，不得再进行校正。

3. 钻孔机械的安全操作要求

（1）螺旋钻机

1）使用钻机的现场，应按钻机说明书要求清除孔位及周围的石块等障碍物。

2）作业场地距电源变压器或供电主干线距离应在 200m 以内，启动时电压降不得超过额定电压的 10%。

3）安装前，应检查并确认钻杆及各部件无变形；安装后，钻杆与动力头的中心线允许偏斜为全长的 1%。

4）钻机发出下钻限位报警信号时，应停钻，并将钻杆稍稍提升，待解除报警信号后，方可继续下钻。

5）钻孔中卡钻时，应立即切断电源，停止下钻。未查明原因前，不得强行启动。作业中，当需改变钻杆回转方向时，应待钻杆完全停转后再进行。

6）钻孔时，当机架出现摇晃、移动、偏斜或钻头内发出有节奏的响声时，应立即停钻，经处理后，方可继续施钻。

7）扩孔达到要求孔径时，应停止扩削，并拢扩孔刀管，稍松数圈，使管内存土全部输送到地面，即可停钻。作业中停电时，应将各控制器放置零位，切断电源，并及时将钻杆全部从孔内拔出，使钻头接触地面。

8）钻机运转时，应防止电缆线被缠入钻杆中，必须专人看护。

9）钻孔时，严禁用手清除螺旋片中的泥土。发现紧固螺栓松动时，应立即停机，在紧固后方可继续作业。

10）成孔后，应将孔口加盖保护。

11）作业后，应将钻杆及钻头全部提升到孔外，先清除钻杆和螺旋叶片上的泥土，再将钻头按下接触地面，各部制动住，操纵杆放到空挡位置，切断电源。当钻头磨损量达20mm时，应予更换。

（2）潜水式反循环钻机

1）检查潜水电机密封是否良好，电缆线、配电盘、卷筒等装置和各接头是否牢固、可靠，各部绝缘及接地装置是否良好。检查振动筛及配属装置是否良好。各钻具、卡具、导管等附件应光滑平整、齐全、牢靠，能满足施工需要。夜间作业时，要有良好的照明条件。

2）作业时必须指定专人负责指挥，严禁多头指挥。必须严格按照下列顺序进行操作：开动振动筛及其附件→吸泥泵→（反循环）→电缆卷筒→开动潜水钻机上的电机，下钻→钻进。停机则按相反的顺序进行，不得更改。

3）钻进时，荷载表的压力应保持在规定的数值范围内，以保证匀速钻进。钻进时，应随时测量钻孔的垂直度，如发现问题应及时纠偏；同时钻头应定期进行修补。要随时检查钢丝绳的完好情况，损坏、断丝超过规定时，应立即进行处理、更换。

4）作业后，及时给各电缆接线盒安装防尘、防水盖（罩）；对关键附件、电器设施进行清理，并要保持清洁、整齐、防晒、防水（潮）；对钻机进行清渣排污，并整理好附件设施。冬期施工停机时间过长时，应采取防冻措施；水上作业应采取防洪、防风、防潮等措施。如长期停用时，应按规定拆卸、整理，对全套设备进行保修、涂油，列出清单封存。

（3）全套管钻机

1）安装全套管钻机前，应掌握勘探资料，并确认地质条件是否符合要求，地下无埋设物，作业范围内无障碍物，施工现场与架空输电线路的安全距离符合要求。钻机安装场地应平整、夯实，能承载该机的工作压力；当地基不良时，钻机下应加铺钢板防护。

2）第一节套管入土后，应随时调整套管的垂直度。当套管入土5m以上时，不得强行纠偏。在作业过程中，当发现主机在地面及液压支撑处下沉时，应立即停机。在采用30mm厚钢板或路基箱扩大托承面、减小接地应力等措施后，方可继续作业。

3）用锤式抓斗挖掘管内土层时，应在套管上加装保护套管接头的喇叭口。起吊套管时，应使用专用工具吊装，不得用卡环直接吊在螺纹孔内，亦不得使用其他损坏套管螺纹的起吊方法。挖掘过程中，应保持套管的摆动，当发现套管不能摆动时，应采用拔出液压缸将套管上提，再用起重机助拔，直至拔起部分套管能摆动为止。

（4）回转式钻孔机

1）安装钻机前，应对当地地形、地质、水文、气象及洪水等进行全面检查，将地面异物清理干净，并检查现场地基有无地下管道及电缆，如有，应事先与有关单位联系撤迁。钻架距高压电线的距离应符合有关规程规定。钻机安装和钻头组装要严格按说明书规定进行。竖立或放倒钻架时，应在机长或熟练工人指挥下进行。人员分工要明确，各自要了解职责，熟悉周围环境、指挥信号联络方式。在大雨、大雪及六级以上大风中不得立钻架。

2）回转式钻孔机开工前的检查：检查钻机各部安装紧固情况，发现松动应及时拧紧；转动部位和传动带应有防护罩；钢丝绳应完好；离合器、制动带应功能良好。检查各运转总成的油面高度，按说明书规定对各润滑部位加注润滑油脂。检查电气设备是否齐全，电路配置是否完好，发现问题及时处理。检查管路接头是否齐全和密封，并进行必要的紧固工作。检查各部位应无漏气、漏油、漏水现象。

（5）旋挖钻机

1）操作人员必须经过学习，了解和掌握钻机构造、性能、熟悉操作方法、保养规程，各种指挥信号，以及钻探基础知识，经考核合格方可上机操作。非操作人员一律不许上机操作。在操作前或操作期间，操作人员禁止饮酒、服药或吃任何削弱操作能力的食物。

2）在钻机房，任何人都不准抽烟。

3）钻机开始钻进前，操作人员务必观察了解工作区域地层断面图、高架电线、建筑物等。特别注意煤气管道、地下电缆、高压电线。

4）非钻进作业钻机尽可能在低转速（发动机）下运行。严禁在非钻进时加大油门，严禁在驾驶室内享受空调。

（6）冲击式钻机

1）冲击式钻机开机前的准备工作：安装钻机的场地应平整、坚实。若在松软地层处安装钻机，应对地基进行处理，然后铺垫枕木，保证钻机在工作时的稳固性，以免钻机在钻进工作中发生局部下沉，影响钻孔精度。

2）钻角磨损 2cm，应补焊至原直径；钻具提梁直径磨损超过 1/3 者应补焊至原直径；主绳绳卡不得少于三个，副绳绳卡不得少于两个，绳卡螺栓应紧固。钻机突然发生故障时，应立即拉开离合器，如离合器操作失灵，应立即停机。

3）遇到暴风、暴雨和雷电时，禁止开车，并应切断电源；基岩钻进时，开孔钻头和更换钻头均应采用同一规格，钻进一定深度后应起钻、下抽筒清理孔底钻渣，以免卡钻。

4）钻进中，突然发现有塌孔迹象或成槽以后突然大量漏浆，应立即采取措施进行处理；钻机配用的钢丝绳应符合：大绳直径 28~32mm，小绳直径 15~16mm，不符合此规定者禁止使用；改变电动机转向，应在电机停稳后方可进行；运行中，如遇钢丝绳缠绕，应立即停机拨开，钻机未停稳前严禁拨弄。

5）钻机移动前，应将车架轮的道掩取掉，松开绷绳，摘掉挂钩，钻头、抽筒应提出孔口，经检查确认无障碍时，方可移车；并慎用副卷扬移车；电动机停止运转前，禁止检查钻机和加注黄油，严禁在桅杆上工作。

6）当钻具提升到槽口时，应立即打开大链离合器，同时将卷筒闸住。禁止将钻具提升在桅杆中部进行抽砂作业；钻进中使用的各种钻具，用完后应及时放回适当位置，不能放在槽孔边缘，以免掉入槽孔内；上桅杆进行高空作业时，应佩戴安全带；动力闸刀应设专人看管。严禁高处作业人员与地面人员闲谈、说笑。

7）钻机后面的电线应架空，以免妨碍工作及造成触电事故；因突然停电或其他原因停机，而短时间内不能送电，开机时应采取措施将钻具提离孔底5m以上，以免钻具埋死，若采用人工转动，应先拉掉电源；孔内发生卡钻、掉钻、埋钻等事故，应摸清情况，分析原因，方能采取有效措施进行处理，不得盲目行事。

案例分析

某项目施工升降机轿厢（吊笼）坠落事故

1. 事故的经过

2019年4月25日，某建筑公司施工人员在项目工地做上班前的准备工作。步某等11人陆续进入施工升降机东侧轿厢（吊笼），准备到1号楼16层搭设脚手架。6时59分，施工升降机操作人员解某启动轿厢，升至2层时添载1名施工人员后继续上升。7时06分，轿厢（吊笼）上升到9层卸料平台（高度24m）时，施工升降机导轨架第16～17标准节连接处断裂、第3道附墙架断裂，轿厢（吊笼）连同顶部第17～22标准节坠落在施工升降机地面的砌块上，造成11人死亡、2人受伤，直接经济损失约1800万元。

2. 事故的直接原因

事故施工升降机第16～17标准节连接处西侧的两根螺栓未安装；加节与附着后未按规定进行自检；未进行验收即违规使用，是造成事故的直接原因。

3. 事故的间接原因

（1）编制施工升降机安装专项施工方案内容不完整且与施工升降机机型不符，不能指导安装作业，方案审批程序不符合相关规定，专项施工方案未经技术负责人审批。事故施工升降机安装前，未按规定进行方案交底和安全技术交底。事故施工升降机首次安装的人员与安装告知中的"拆装作业人员"不一致。

（2）事故发生时，施工升降机坠落的东侧轿厢（吊笼）操作人员解某未取得建筑施工特种作业资格证（施工升降机司机），为无证上岗作业。

（3）事故施工升降机安装过程中，未安排专职安全生产管理人员进行现场监督。

（4）事故升降机安装完毕后，由于现场技术及安全管理人员缺失，未按规定进行自检、调试、试运转，未按要求出具自检验收合格证明。

（5）未建立事故施工升降机安装工程档案。员工安全生产教育培训不到位，未建立员工安全教育培训档案，未定期组织对员工培训。

（6）塔机公司对安全生产工作不重视，生产管理混乱；建筑公司重生产轻安全，没有组织验收就投入使用；监理公司对事故施工升降机安装过程没有进行专项巡视检查；房地产公司没有定期安全检查，对存在的问题没有及时纠正等。

4. 对相关责任单位和责任人员处理建议

（1）鉴于解某在该起事故中死亡，免予追究其法律责任。

（2）已移送司法机关采取刑事强制措施人员 13 人。

（3）企业内部处理人员 2 人。

（4）免职 1 人。

知 识 拓 展

起重、触电、
机械伤害

施工机械
安全知识

思 考 题

1. 塔吊的安装需注意哪些安全事项？

2. 垂直运输机械对操作人员可能有哪些伤害？

3. 防范垂直运输机械安全事故的根本方法和措施有哪些？

4. 利用所学知识，结合调研施工现场情况，谈谈相关建筑机械设备的安全使用要求。

学 习 鉴 定

一、填空题

1. 塔机作业，当风速较大时，易引起塔机失稳，当风力大于_____级时，塔机应停止作业。

2. 斜吊会使重物产生摆动，引起_____直接导致起重机失稳。

3. 吊钩超高限位的作用是防止吊钩_____。

4. 司机对任何人发出的_____信号，均应服从。

5. 群塔作业时，两台塔机的任何接触部位不能小于_____的安全距离。

6. 施工升降机地基、基础应满足_____要求。

7. 严禁利用_____的惯性清除翻斗内的余土。

8. 不应在坡道上停车，如有需要，必须在车轮下_____，防止溜滑。

9. 进入施工现场的各类机动车辆应限速行驶，时速一般不应超过_____公里。

10. 两台以上压路机同场作业时，前后间距不得小于_____。

二、判断题

1. 大型机械作业或多机配合作业时，不需要设专人统一协调指挥。　　　　（　　）

2. 大雾、暴雨、大风等气候条件下应提前对现场进行采取防护措施，情况特别恶劣时应停止作业。　　　　　　　　　　　　　　　　　　　　　　（　　）

3. 上下坡道的坡度不得超过机械自身允许坡度。　　　　　　　　　　（　　）

4. 压路机启动时可以有专人在旁指挥。　　　　　　　　　　　　　　（　　）

5. 履带式挖掘机距工作面边缘距离应大于 1.0m。　　　　　　　（　　）

6. 可以在松动危石下方、滑坡体范围内停留和停放机具。　　　（　　）

7. 运输车辆可以人料混载。　　　　　　　　　　　　　　　　（　　）

8. 开挖沙层应自上而下进行，严禁直立开挖或掏空挖沙。　　　（　　）

9. 自卸车卸料时，应防止挂断电线和伤及人员。　　　　　　　（　　）

10. 吊车在起吊物件中，不得由既有线侧伸臂式吊起重物向既有线侧转动。（　　）

项目6　安全资料管理

学习目标

　　熟悉安全资料管理的要求，掌握安全管理资料的分类，包括安全管理资料的基本内容、管理制度、操作规程。

案例引入

　　2017年3月27日下午2时某水上游乐项目综合楼现场进行混凝土浇筑作业时，穹顶模板支撑架体突然垮塌，致14人被困。经过连续59小时的紧急搜救，截至3月30日凌晨1时，15名被困人员已全部找到，现场搜救工作结束。事故造成9人死亡，6人受伤。事故发生后，公安机关第一时间对安全资料进行了封存。事故调查组在查阅资料时，发现资料极不规范，大量资料缺失，找不到安全管理痕迹。如能指导超规模模板支撑体系施工的专项安全施工方案缺失、技术交底缺失、浇捣混凝土前验收记录缺失。其他安全资料也几乎没有。最后，事故性质认定为安全责任事故。

任务6.1　安全资料管理基本知识

编制、收集、
整理施工安全
资料（一）

　　安全资料是工程质量和工作质量的重要表现，安全资料管理是对工程施工过程的真实记录，也是对工程施工过程中所采用的材料、技术、方法、工期安排、成本控制、管理方法等不同时期资料进行归纳和整理，安全资料管理是合理使用、保证结构安全使用的重要依据，对日后工程维修、扩建、改造、更新具有重要意义。

1. 安全资料管理的总体要求

（1）施工现场安全内业资料必须按标准整理，做到真实、准确、齐全。

（2）文明施工资料由施工总承包方负责组织收集、整理。

（3）文明施工资料应按照"文明安全工地"的要求分别进行汇总、归档。

（4）文明施工资料作为工程文明施工考核的重要依据必须真实可靠。

编制、收集、
整理施工安全
资料（二）

（5）文明施工检查按照"文明安全工地"的八个方面打分表进行打分，工程项目经理部每10天进行一次检查，公司每月进行一次检查，并有检查记录，记录包括：检查时间、参加人员、发现问题和隐患、整改负责人及期限、复查情况。

2. 安全资料管理分类

（1）安全管理资料

1）基本内容

① 施工总承包单位、分包单位需提供有效的资质证书副本复印件、安全生产许可证

副本复印件，并加盖单位公章附后备查。

资质证书副本、安全生产许可证副本原件需送项目总监理工程师审查，项目总监理工程师应对证书的真实性和有效性进行核实，并在复印件上签署意见。

② 建造师（临时）注册证书复印件、三类人员安全生产考核合格证书复印件、特种作业人员操作证书复印件应经本人签字，并加盖单位公章附后备查。

证书原件需送项目总监理工程师审查，项目总监理工程师应对证书的真实性和有效性进行核实，并在《项目部管理人员名册》和《特殊工种作业人员名册》上签署意见。

③ 项目经理变更需提供完整的变更手续附后备查。

④ 表格不够可按实际需要增加。

⑤ 具体内容包括工程概况表、项目部管理人员名册、特种作业人员名册、分包单位登记表、分包单位资质审查表、总包与分包单位安全协议、相关附件材料（企业资质证书、营业执照、安全生产许可证、信用管理手册复印件，项目经理注册证书复印件，中标通知书复印件，企业主要负责人、项目经理、安全员（三类人员）安全考核合格证书复印件，企业主要负责人、项目经理、安全员（三类人员）参加年度继续教育培训合格证书复印件，特种作业人员证书复印件，专职安全员公司委派证明材料）。

2）各项保证措施

① 意外伤害保险、公众责任险、工伤保险凭证复印件。

② 施工现场总平面布置图。

③ 施工现场安全警示标志总平面布置图及登记册。

④ 安全文明施工开工条件审查单位检查表、监理单位检查表、建设单位检查表、建设工程文明施工承诺书、设工程围挡冲洗设施管理达标验收证明。

⑤ 安全管理文件。

3）项目部安全生产组织机构及网络

项目部安全生产组织机构及网络一般包括项目安全生产管理网络、项目文明施工管理网络、项目消防安全管理网络、事故应急预案管理网络、民工业余学校管理网络、安全生产责任书、文明施工责任书、安全质量标准化管理责任分解图、安全管理目标责任落实考核办法等资料。

4）应急救援预案与事故调查处理

应急救援预案与事故调查处理一般包括施工现场事故应急救援预案、施工现场应急救援组织人员名册、施工现场应急救援设施设备仪器登记表、事故应急救援演习记录表、演习过程中照片、安全事故报表等资料。

（2）岗位责任制、管理制度、操作规程

安全生产责任制度应对施工企业安全生产的职责管理要求、职责权限和工作程序，安全管理目标的分解落实、监督检查、考核奖罚作出具体规定，形成文件并组织实施，确保每个职工在自己的岗位上，认真履行各自安全职责，实现全员安全生产。

建立健全各级各项安全生产责任制，要做到纵向到底，横向到边。各级各部门的安全生产责任制，要有针对性、可行性，责任要落实到人，并认真执行，强化实施。

施工现场要依据《建设工程安全生产管理条例》《建筑施工安全检查标准》和《工程施工现场管理规定》等有关规定，制定出现场文明施工的保证措施和管理制度。如：工地环境卫生制度、文明施工制度、现场防火制度、"门前三包"制度、定期清扫制度、食堂管理制度、场容卫生检查制度、各项卫生制度等。

1）人员岗位职责

人员岗位职责一般包括企业负责人安全职责、企业分管安全负责人安全职责、项目经理安全职责、分管安全项目副经理安全职责、技术负责人安全职责、专职安全员安全职责、班组长安全职责、机械设备管理人员安全职责、操作工安全职责等内容。

2）安全生产和文明施工管理制度

安全生产和文明施工管理制度一般包括全员安全生产责任制、施工现场安全生产管理制度、安全目标管理制度、安全生产资金保障制度、安全技术交底制度、安全教育制度、安全检查制度、生产安全事故报告制度、机械设备安全管理制度、特种作业持证上岗制度、文明施工管理制度、场容场貌管理制度、便民利民管理制度、门卫制度、宿舍卫生管理制度、食堂卫生管理制度、厕所卫生管理制度、现场防火管理制度、用电管理制度、资料台账管理制度等。

3）施工现场工人操作规程

① 新工人安全生产须知、安全生产六大纪律、十项安全技术措施。

② 起重吊装"十不吊"规定；气割、电焊"十不烧"规定。

③ 各工种安全技术操作规程。如架子工、瓦工、抹灰工、木工、钢筋工、混凝土工、防水工、电工、通风工、电焊工、气焊工、起重吊装工、起重机械司机、信号司索工、桩机工、维修工、中小型机械操作工、管工、钳工、装卸工等工种。

4）安全目标生产管理

① 安全生产目标责任书。

② 管理人员安全生产责任制考核。

管理人员安全生产责任制考核包括项目经理安全生产责任制考核记录、项目副经理安全生产责任制考核记录、项目技术负责人安全生产责任制考核记录、项目安全员安全生产责任制考核记录、项目质检员安全生产责任制考核记录、项目班组长安全生产责任制考核记录、项目保卫消防员安全生产责任制考核记录、项目材料员安全生产责任制考核记录、项目机械管理员安全生产责任制考核记录、项目管理人员安全生产责任制考核记录汇总表。

（3）劳动防护用品和机械设备管理

个人劳动防护用品是指安全帽、安全带以及安全（绝缘）鞋、防护眼镜、防护手套、防尘（毒）口罩等。施工安全防护用品（具）是指安全网、钢丝绳、工具式防护栏、灭火器材、临时供电配电箱、空气断路器、隔离开关、交流接触器、漏电保护器、标准电缆及其他劳动保护用品。在工程开工前，项目部应制定劳动防护用品（具）及材料的购置和使用计划，报项目经理批准。

劳动防护用品的
安全管理（一）

项目部对进场使用的劳动防护用品（具）应查验下列证明：

1）实施生产许可证制度的安全设施所需的材料、设备及防护用品，验证其生产许可证；

2）产品鉴定报告、检测报告、质保书、合格证；

劳动防护用品的
安全管理（二）

3）实施认证制度的安全防护用品（具）认证标志；

4）产品的技术性能、参数和安装使用说明；

5）工具化、定型化的防护设施应有经批准的设计、制作和使用方案。

项目部应对进场安全防护用品（具）进行进货检验，保存相关凭证，并按照要求分批次送检复试。项目部应及时将个人安全防护用品发放到职工手中，并保存发放记录。企业及其项目部应对施工作业人员进行正确使用劳动防护用品的教育培训，并在安全教育培训部分如实记录。

（4）安全教育及安全活动记录

实行总分包的工程项目，总包单位应针对本项目实际情况，统一编制职工安全教育培训计划，并报企业安全管理部门审批。

项目部职工每年必须接受一次专门的安全培训。项目经理、专职安全管理人员、其他管理人员、特种作业人员每年接受安全教育培训的时间分别不得少于30、40、20、20学时；其他职工每年接受安全培训的时间，不得少于15学时；待岗、转岗、换岗的职工，在重新上岗前，必须接受一次安全培训，时间不得少于20学时。

项目部新进场职工必须接受公司、项目部、班组三级安全教育，公司、项目部、班组三级培训教育的时间分别不得少于15、15、20学时。特种作业人员应当由省级住房和城乡建设主管部门考核合格，并取得特种作业操作资格证书后，方可上岗作业；施工机具操作人员应参加企业组织的安全生产培训，合格后可上岗。

项目部应积极组织作业人员参加各类安全生产教育培训并记录。安全教育档案应一人一档。档案应收集其身份证复印件、三级教育考卷、三级教育卡片和安全责任书，装订成册，妥善保管。

（5）施工方案及安全技术交底

1）施工组织设计及专项施工方案

施工单位应当在危险性较大的分部分项工程施工前编制专项方案；对于超过一定规模的危险性较大的分部分项工程，施工单位应当组织专家对专项方案进行论证。建筑工程实行施工总承包的，专项方案应当由施工总承包单位组织编制。其中，起重机械安装拆卸工程、深基坑工程、附着式升降脚手架等专业工程实行分包的，其专项方案可由专业承包单位组织编制。施工单位应当根据现行国家标准规范，由项目技术负责人组织相关专业技术人员结合工程实际编制专项方案。专项施工方案应当由施工单位技术部门组织本单位施工技术、安全、质量部门的专业技术人员进行审核。经审核合格的，由施工单位技术负责人签字。实行施工总承包的，专项方案应当由总承包单位技术负责人及相关专业承包单位技术负责人签字。经审核合格后报监理单位，由项目总监理工程师审查签字。

超过一定规模的危险性较大分部分项工程专项方案，应当由施工单位组织专家组对已编制的专项施工方案进行论证审查。专家组成员应由5名及以上符合相关专业要求的专家组成。专家组应当对论证的内容提出明确的意见，形成论证报告，并在论证报告上签字。论证审查报告作为安全专项施工方案的附件。施工单位应根据论证报告修改完善专项方案，报专家组组长认可后，经施工单位技术负责人、项目总监理工程师、建设单位项目负责人签字后，方可组织实施。施工单位应当严格按照专项方案组织施工，不得擅自修改、调整专项方案。如因设计、结构、外部环境等因素发生变化确需修改的，修改后的专项方案应当重新履行审核批准手续。对于超过一定规模的危险性较大工程的专项方案，施工单位应当重新组织专家进行论证。

对于按规定需要验收的危险性较大的分部分项工程，施工单位、监理单位应当组织有关人员进行验收。验收合格的，经施工单位项目技术负责人及项目总监理工程师签字后，方可进入下一道工序。各施工专项方案由项目部收集成册，作为资料附件。

2）专项施工方案编制基本内容

专项施工方案编制基本内容包括工程概况、编制依据、施工计划、施工工艺技术、施工安全保证措施、施工管理及作业人员配备和分工、验收要求、应急处置措施、计算书及相关施工图纸共九个部分。

施工单位应编制下列专项施工方案：施工临时用电方案、基坑支护方案、模板支撑方案、脚手架搭拆方案、起重设备安装、拆卸方案、起重吊装方案、拆除施工方案及其他结构复杂、危险性大、特殊施工工艺的工程必须单独编制安全技术措施。

3）安全技术交底

安全技术交底要依据施工组织设计中的安全措施，结合具体施工方法，结合现场的作业条件及环境，编制操作性、针对性强的安全技术交底书面材料。

安全技术交底主要内容包括：工程概况、工程项目和分部分项工程的危险部位、针对危险部位采取的具体防范措施、作业中应注意的安全事项、作业人员应遵守的安全操作规程和规范、安全防护措施的正确操作、发现事故隐患应采取的措施、发现事故后应及时采取的躲避和急救措施等。

安全技术交底应该实行逐级交底，由施工总承包单位向项目部、项目部向施工班组、施工班组长向作业人员分别进行交底，内容要全面、具体、针对性强。安全技术交底要按不同工程的特点和不同的施工方法，针对施工现场和周围的环境，从防护上、技术上，提出相应的安全措施和要求；安全技术交底必须以书面形式进行，交底人、接底人、专职安全生产管理人员要严格履行签字手续；各工种安全技术交底一般同分部分项工程安全技术交底同时进行。施工工艺复杂、技术难度大、作业条件危险的工程项目，可单独进行工种交底。分部（分项）工程安全技术交底记录汇总表见表6-1。

分部（分项）工程安全技术交底记录汇总表 表6-1

编号	交底日期	施工日期	交底内容	交底人	接底人

（6）安全检查记录及隐患整改

安全检查应根据施工生产的特点，法律法规、标准规范和企业规章制度的要求，以及安全检查的目的确定；包括安全意识、安全制度、机械设备、安全设施、安全教育培训、操作行为、劳防用品的使用、安全事故处理等项目。安全检查的形式包括各管理层次的自查、上级管理层对下级管理层的抽查。安全检查的类型包括日常安全检查、定期安全检查、专业性安全检查、季节性及节假日后安全检查，建筑施工企业负责人带班检查，项目负责人带班生产检查记录。

各级各部门安全检查发现问题应开具整改单，工地检查应有记录，对查出的隐患应及时整改，做到五定，即定整改责任人、措施、资金、时限和应急预案。各级各部门的检查资料要整理入册，整改完毕后应及时向检查单位汇报。定期安全检查时间为班组安全检查每天一次，项目部安全检查每周一次，公司安全检查每月一次；临时用电安全检查，施工现场每月一次，基层公司每季一次。

建筑施工企业负责人，是指企业的法定代表人、总经理、主管质量安全和生产工作的副总经理、总工程师和副总工程师。项目负责人，是指工程项目的项目经理。企业负责人每月带班检查时间应不少于其工作日的25％；项目负责人每月带班生产时间应不少于本月施工时间的80％。

安全检查及隐患整改资料包括企业主要负责人检查记录汇总表、企业主要负责人检查记录及项目部隐患整改记录表、项目经理安全检查及隐患整改记录汇总表、项目经理安全检查及隐患整改记录表、安全员安全动态管理（日）检查表、安全检查隐患整改单及附件（日检表重点检查内容、建筑施工安全检查评分汇总表、建筑施工各项安全检查评分表）。

（7）安全验收

各类设施在搭设完毕后，应由使用单位、搭设单位共同参与验收，验收不合格的安全设施必须整改符合要求后，方可使用或进入下道工序。分部分项工程应分段进行验收，验收合格后，方可使用或进入下道工序。各验收表格应由项目技术管理人员负责填写，应保证字迹清晰，手续齐全。各种资料应按表格明确的验收人员亲自签名，不得打印或代签。填写内容要求真实、详细，符合现场实际情况和规范要求。超过一定规模的危险性较大的分部分项工程验收还应按照专项施工方案、相应规范标准和有关规定要求实施。

安全验收资料包括安全验收记录汇总表、临建设施验收表、分部分项工程验收表、防护设施与临时用电验收表。

（8）文明施工

项目部应建立文明（绿色）施工管理系统，制定相应的管理制度与目标。项目部编制文明（绿色）施工方案，并按有关规定进行审批。项目部应做好环境保护，分别针对扬尘、噪声与振动等方面做好控制工作，并做好地下设施、文物和资源保护工作。项目部应做好施工现场环境卫生管理工作，切实保障施工现场作业人员身体健康。项目部应做好施工现场消防安全管理工作，认真落实施工现场防火制度和措施，定期对消防器材进行检查，做好动火管理工作。项目部应做好平安创建工作，按时发放农民工工资。

建设单位、监理单位应加强文明（绿色）施工的监督。施工现场必须制定消防安全管理制度和措施，措施要详细、真实、有可操作性，对重点消防部位进行登记。施工现场的动火应严格按照动火审批制度执行，未领取动火证的动火作业应禁止。现场使用的灭火器材应定期检查以确保其有效性，换药应及时记录，并对消防设施进行验收。

文明施工资料包括文明（绿色）施工组织管理、环境保护方案、施工现场卫生管理、消防安全管理、农民工工资管理等资料。

（9）工会劳动保护

工会劳动保护包括组织建设、制度建设、教育培训、群众监督、依法维护等资料。

3. 资料文件的编制要求

（1）表格应采用所规定的统一的表式，例如由重庆市城市建设档案馆和重庆市建设工程质量监督总站统一监制，因特殊要求需增加的表格或文件要经过有关程序认可和归档。

（2）"责任表"由相关单位填写；"监理表"由项目监理部相关人员填写并负责收集、整理；"验收表"的填写应执行《建筑工程施工质量验收规范用表及填表说明》的具体要求。

（3）建设单位应将工程档案收集、整理、归档工作纳入工程有关合同（包括勘察、设计、施工、监理和材料设备采购合同），纳入有关人员的岗位责任制。项目负责人（建设）、项目经理（施工）、总监理工程师（监理）分别负责本单位责任范围内工程档案的收集、整理、归档工作。各单位（包括建设单位、监理单位、施工单位）都应配备专（兼）职档案人员，城建档案人员必须持证上岗。

（4）建设工程实行总承包的，各分包单位负责收集、整理分包范围内的建设工程技术文件材料，交总承包单位汇总、整理，竣工时由总承包单位向建设单位提交完整、准确的建设工程技术文件材料。建设单位分别向几个单位发包的，各承包单位负责收集、整理所承包合同范围内的建设工程技术文件材料，交建设单位汇总、整理，或由建设单位委托一个承包单位汇总、整理。检验批、分项资料栏施工单位应填写分包单位的名称，分部、子分部工程的施工单位填写总包单位，分包单位填分包单位栏。

（5）建设工程技术文件中的专业监理工程师是指受监理公司委派，具有监理工程资格的承担某一专业监理工作管理人员。监理员、旁站员不具有监理工程师的资格，不能代替专业监理工程师签署意见。项目施工技术负责人是指合同标段的项目经理部主管技术的副经理或技术责任人。

（6）建设工程技术文件的填写按归档要求用不易褪色的碳素墨水等材料写档案，禁止用纯蓝墨水、红墨水、圆珠笔等易褪色的书写材料书写档案，禁止使用涂改液。各种程序责任者的签字手续必须齐全，需亲笔签字的不得用名章代替签字，必须签全名。同时签字必须用档案规定用笔。签（公）章栏所签公章也应与合同签章上的单位名称一致。

（7）建设工程技术文件中各种图表的绘制应用合适的绘图工具，不得随手绘制。

（8）建设工程技术文件的归档文件除材料（设备）合格证明可使用复印件（抄件）外，其他文件及表格必须为原件。当使用复印件（抄件）时，复印件要清晰，复印件（抄件）上应加盖复印或转抄单位印章的鲜章，并注明所使用项目名称、复印件来源、原件存放地和进场数量，经办人应签字。不得使用鉴定书、说明书、商标、试验报告、产品生产过程资料等来代替质保书或合格证。进口材料可用商检报告代替质保书、说明书、商标、试验报告、产品生产过程资料等来代替质保书或合格证。

（9）检测机构出具的报告单必须是经资审和计量认证合格的有证试验室出具，仲裁检验报告单须带 CMA 标记。

（10）《建筑工程技术用表》表格的表头部分"工程名称"栏应填写工程的全称，与施工许可证名称一致。施工单位、分包单位、监理单位、建设单位及勘察设计单位的名称栏也应写全称，与合同签章上的单位名称一致。当遇见同一工程工程名称有多处（如施工图纸、施工合同、施工许可证等）不相符时，建议责任各方应共同签字确认一工程名称并存档留查（但此行为最好杜绝）。

（11）建设工程技术文件书写应规范、工整、不得随意更改，由于特殊原因的更改，在更改部分应盖校核章，并加盖项目部公章。

（12）建设工程技术文件时间填写格式××××年××月××日，不足用 0 补位。有关表格内容完善后应及时签字，签字栏日期为实际签字的日期。

（13）《建筑工程技术用表》表格中不需要填写内容的栏应在该部位空白处外画斜线占位，从左下至右上。

（14）《建筑工程技术用表》的填写除执行统一的规定外，尚须符合各表格的具体填表说明要求。

（15）严禁对归档的建设工程技术文件进行涂改、伪造，随意抽撤和损毁、丢失等，违反规定应给予处罚，情节严重的，应依法追究法律责任。

（16）对每一分项、每一检验批增设相应编号。规定"检验批编号"：检验批编号由"分部" 2 位、"子分部" 2 位、"分项" 2 位、"检验批" 3 位组成，故相关人员应对 GB 50300—2013 的附录 B 相当熟悉。如对主体结构分部工程，混凝土结构子分部中第一批钢筋安装检验批现场检查验收，其原始记录检验批编号应填写为 020102001。

任务 6.2　施工现场人员资料管理

1. 任务目的

施工现场人员资料管理是安全资料管理的重要组成部分，本任务按照安全资料管理要求，规范施工现场人员资料管理，学会收集、登记、留存安全管理人员、特种作业人员的信息及其证件资料。具体流程为：

（1）成立专门安全管理部门

根据《市政工程施工安全检查标准》CJJ/T 275—2018 的 3.1.2 条第 3 款：人员配备应符合下列规定：

1）项目经理部应组建项目安全生产领导小组或项目安全专职管理机构；

2）施工企业应与项目经理部管理人员签订劳动合同，并为其办理相关保险；

3）项目经理部应按规定配备专职安全生产管理人员；

4）项目经理和专职安全生产管理人员应取得安全生产考核合格证书；

5）特种作业人员应取得特种作业操作证。

（2）加强施工现场安全资料管理

1）施工单位现场负责人应负责本单位施工现场安全资料的全过程管理工作。施工过程中施工现场安全资料的收集、整理工作应按专业分工，由专人负责。

2）参建单位安全资料应跟随施工生产进度形成和积累，纳入工程建设管理的全过程，并对资料的真实性、完整性和有效性负责。

3）各参建单位应负责安全资料的收集、整理、组卷、归档，并保存至工程竣工。

4）安全生产管理资料和记录的填写与制作应当符合以下条件：

①真实完整，字迹清楚，签章规范，不得随意涂改，并具有一致性和可追溯性；

②随工程施工同步形成，分类归集保管，直至工程竣工交付后处理或归档；

③采用信息化管理技术。

（3）依据当地建筑工程施工安全资料管理规程，首先进行文件的预立卷。

2. 案例简介

某城市地铁 10 号线一期工程土建施工第×合同段，共 2 站 3 区间。本标段投资额约 35732 万元，区间总长度：2786.5m，车站基坑深度 22.3m，隧道断面面积约 30.2m²。承包范围包括以上工程的土建工程，具体内容详见工程量清单及图纸。合同工期 2017 年 1 月 1 日～2020 年 2 月 28 日。

其中区间隧道工程采用盾构法施工，项目部管理人员有 45 人，盾构掘进劳务分包队伍 78 人，包含电工 2 人、焊工 4 人、龙门吊操作手 4 人、司索工 3 人、普工 6 人、信号指挥工 2 人、文明施工人员 5 人。

任务 1　假如你是项目部安全监理工程师，在开工前条件验收中，项目部安全生产管理体系配置有 1 名专职安全员，并配置有 2 名安全协管员（兼职），你认为能否通过本次开工条件验收，并说明原因。

步骤： 按照《施工企业安全生产管理规范》GB 50656—2011 规定：该项目投资额 35732 万元，依据表 6-2，配置一定数量的专职安全管理人员。

总包单位专职安全生产管理人员配置标准　　表 6-2

工程类别	配备范围	配备标准
建筑工程、装饰工程按建筑面积配置	1 万 m² 以下	不少于 1 人
	1 万～5 万 m²	不少于 2 人
	5 万 m² 以上	不少于 3 人，且按专业配备专职安全生产管理人员
土木工程、线路工程、设备安装工程按合同价配备	5000 万元以下	不少于 1 人
	5000 万～1 亿元	不少于 2 人
	1 亿元以上	不少于 3 人，且按专业配备专职安全生产管理人员

任务 2　你作为一名项目经理，在劳务分包合同中约定劳务分包单位须配置满足施工要求的专职安全管理人员，请列出本项目劳务分包队伍安全管理配置，并说明配备标准（请小组讨论完成）。

步骤： 按照《施工企业安全生产管理规范》GB 50656—2011，根据分包单位施工人员 78 人，依据表 6-3，配置专职安全管理人员。

分包单位专职安全生产管理人员配置标准　　表 6-3

分包类别	配备范围	配备标准
专业承包单位	—	应当配置至少 1 人，并根据所承担分部分项工程的工程量和施工危险程度增加
劳务分包单位	施工人员在 50 人以下	不少于 1 人
	施工人员在 50～200 人	不少于 2 人
	施工人员在 200 人以上	应当配置至少 3 人，并根据所承担分部分项工程的工程量和施工危险程度增加，不得少于工程施工人员的 5%

任务 3　请根据本项目案例，填写该项目部管理人员名册（表 6-4）。

项目部管理人员名册 表 6-4

岗位	姓名	性别	证书编号		发证单位	有效时间	备注
项目经理			注册证书				
			B类证书				
项目技术负责人							
专职安全员			C类证书				
			C类证书				
			C类证书				
项目工程师							
项目资料员							
项目施工员							
项目造价工程师							
项目机械员							
项目试验员							
项目质检员							
项目材料员							
项目总监理工程师审查意见						年 月 日	

任务 4 根据规定：特种作业人员应包括：（1）电工；（2）金属焊接、切割作业人员；（3）起重司索工、起重信号指挥工、起重机械司机、起重机械安装与维修工；（4）架子工；（5）高处作业吊篮安装拆卸工；（6）锅炉司炉；（7）压力容器操作人员；（8）电梯司机；（9）场（厂）专用机动车司机；（10）制冷与空调作业人员；（11）从事爆破作业的爆破员、安全员、保管员；（12）瓦斯监测员；（13）工程船舶船员；（14）潜水员；（15）国家有关部门认定的其他作业人员。请根据本项目案例，填写该项目特种作业人员名册（表 6-5）。

特种作业人员名册 表 6-5

序号	特殊工种	姓名	年龄	性别	证件编号	发证单位	发证日期	复审日期
项目总监理工程师审查意见							年 月 日	

3. 任务考评

任务考核表

序号	考核内容	所占分值	自评评分	小组评分	教师评分
1	是否按要求完成了实训内容	20			
2	是否准确掌握安全管理人员配置，特种作业人员范围	25			
3	是否能进行安全管理人员信息的收集与整理	25			
4	实训态度	10			
5	团队合作	10			
6	拓展知识	10			
	小计	100			
	总评（取小计平均分）				

任务 6.3　施工现场安全资料填写管理

安全生产资料表格，每个地方都有具体要求与规定，但多数内容相似。资料填写需执行当地地方现行标准。例如《重庆市建设工程施工现场安全资料管理规程》DBJ50/T-291—2018。

1. 任务目的

通过熟悉施工现场安全资料内容，学会填写施工现场安全资料。

2. 任务内容

任务 1　施工现场安全资料按建设单位、监理单位、施工单位进行分类。根据《重庆市建设工程施工现场安全资料管理规程》DBJ50/T-291—2018，建设单位施工现场安全资料编号为 SA-A 类，监理单位施工现场安全资料编号为 SA-B 类，施工单位施工现场安全资料编号为 SA-C 类。

要求：参考《重庆市建设工程施工现场安全资料管理规程》DBJ50/T-291—2018 中建筑工程施工现场安全管理资料分类整理及组卷表（部分表格见图 6-1），用 Word 或 Excel 制作一份施工现场安全资料汇总表。

任务 2　以小组为单位，填写部分施工单位资料（SA-C 类）。

步骤 1：教师根据施工现场安全资料表格从《重庆市建设工程施工现场安全资料管理规程》DBJ50/T-291—2018 中选定部分表格，分组进行，建议每组所用表格不同，全班能做一套完整的资料。

步骤 2：以小组为单位按照分配的任务，用 Word 或 Excel 制作电子版表格，打印填写。

编号	施工现场安全管理资料名称	资料表格编号或责任单位	工作相关及资料保存单位				
			建设单位	监理单位	施工单位	租赁单位	安装/拆卸单位
SA-A类	建设单位施工现场安全管理资料						
	建设工程施工安全监督报监书		·	·	·		
	建设项目地下管线现状资料交接表（如有）		·	·	·		
	建设工程施工许可证	建设单位	·	·	·		
	夜间施工审批手续（如有）	建设单位	·	·	·		
	施工合同	建设单位	·	·	·		
	施工现场安全生产防护、文明施工措施费用支付统计	建设单位	·	·	·		
	危险性较大的分部分项工程清单及申报表	建设单位	·	·	·		
	上级管理部门、政府主管部门检查记录	建设单位	·	·	·		
	监理单位施工现场安全管理资料						
	监理安全管理资料						
	监理合同	监理单位	·	·	·		
	监理安全生产管理制度	监理单位	·	·	·		
	监理规划、安全监理实施细则	监理单位	·	·	·		
	监理安全例会	监理单位	·	·	·		

图 6-1 建筑工程施工现场安全管理资料分类整理及组卷表

（来源：《重庆市建设工程施工现场安全资料管理规程》DBJ50/T-291—2018）

3. 任务考评

任务考核表

序号	考核内容	所占分值	自评评分	小组评分	教师评分
1	是否按要求完成了实训内容	20			
2	是否掌握安全管理资料的内容	25			
3	能否进行安全资料的收集与整理	25			
4	实训态度	10			
5	团队合作	10			
6	拓展知识	10			
	小计	100			
	总评（取小计平均分）				

任务 6.4 《安全生产许可证》办理资料管理

1. 任务目的

熟悉办理安全生产许可证流程，对安全生产资料进行统计、收集、整理。

2. 任务内容

任务：建筑施工企业进行建筑施工活动前，必须取得安全生产许可证。要求你为企业办理安全生产许可证，准备相关资料。

要求：以小组为单位完成，组长负责分工，最终汇总成果后制作总目录，提交最终成果（建议完成时间为一周）。

步骤 1：登录住房和城乡建设部网站下载《建筑施工企业安全生产许可证申请表》。认真阅读，仔细填写。

步骤 2：企业法人营业执照（复印件）。

步骤 3：安全生产管理制度：安全生产责任制和安全生产规章制度文件及操作规程目录。

（1）准备安全生产责任制文件

① 企业各级人员安全生产责任制：法定代表人、经理、安全生产副经理、总工程师、总会计师、项目经理、工长、技术员、工程质检员、安全员、班组长等。

② 企业各职能部门安全生产责任制：生产计划部门、技术质量部门、安全部门、设备部门、劳动部门、教育部门、保卫消防部门、材料部门、财务部门、行政卫生部门等。

（2）准备安全生产规章制度文件

① 安全生产教育和培训制度。

② 安全检查制度。

③ 安全生产事故报告及处理制度等。

（3）操作规程：本企业施工主要工种的《安全生产操作规程》目录

步骤 4：填写安全生产投入的证明文件（包括企业保证安全生产投入的管理办法或规章制度、年度安全资金投入计划及实施情况）。

步骤 5：设置安全生产管理机构和配备专职安全生产管理人员的文件（包括企业设置安全管理机构的文件、安全管理机构的工作职责、安全机构负责人的任命文件、安全管理机构组成人员明细表）。

步骤 6：主要负责人、项目负责人、专职安全生产管理人员安全生产考核合格名单及证书（复印件）。

步骤 7：本企业特种作业人员名单及操作资格证书（复印件）。

步骤 8：安全培训及考核：本企业管理人员和作业人员的年度安全培训计划，并将本年度安全考核情况填入本企业管理人员和作业人员考核情况汇总表。

步骤 9：工伤保险、工程意外伤害保险：提供本企业人员（含合同工、临时工）的×

×市企业缴纳工伤保险协议书、工程意外伤害保险凭证的复印件。

步骤 10：施工起重机械设备检测合格证明；本企业自有塔式起重机检测的汇总表。

步骤 11：职业病危害防治措施。措施主要包括：

（1）作业场所防护措施。

（2）个人防护措施。

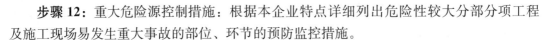

（3）安全检查措施（针对本企业施工特点，对可能导致的职业病制定相应的防治措施。例如由防水作业和地下管道有毒气体作业引起的职业中毒，水泥粉尘在封闭环境及电焊作业引起的尘肺等）。

建筑职业病简介

步骤 12：重大危险源控制措施：根据本企业特点详细列出危险性较大分部分项工程及施工现场易发生重大事故的部位、环节的预防监控措施。

步骤 13：生产安全事故应急救援预案：提供公司级的应急救援预案。预案包括：应急救援组织机构与职责；突发事故的报告与应急救援的启动程序；应急救援组织人员名单；救援的器材、设备等。

3. 任务考评

任务考核表

序号	考核内容	所占分值	自评评分	小组评分	教师评分
1	是否按要求完成了实训内容	20			
2	是否熟悉安全生产许可证的办理流程	25			
3	是否能收集与梳理安全资料	25			
4	实训态度	10			
5	团队合作	10			
6	拓展知识	10			
	小计	100			
	总评（取小计平均分）				

任务 6.5　危险性较大的分部分项工程安全资料管理

1. 任务目的

熟悉危险性较大的分部分项工程安全管理要求，对安全资料进行统计、收集、整理。

2. 任务内容

任务：危险性较大的分部分项工程施工前需编制专项施工方案，超过一定规模的危险性较大的分部分项工程需组织专家论证，并附安全验算结果，经施工单位技术负责人（或授权委托人）、总监理工程师签字后实施；由监理单位、施工单位专职安全生产管理人员进行现场监督。要求你为企业填写危险性较大和超过一定规模的危险性较大的分部分项工程清单（表6-6）。

要求：以小组为单位完成，组长负责分工，汇总成果后提交最终成果。

危险性较大的分部分项工程清单

表 6-6

工程名称		结构层次	
施工单位		项目经理	
监理单位		总监理工程师	

危险性较大的分部分项工程

分部分项工程	内容	计划实施时间
一、基坑支护、降水及土方开挖工程	☐ 开挖深度超过 3m（含 3m）或未超过 3m 但地质条件和周边环境复杂的基坑（槽）支护、降水工程 ☐ 开挖深度超过 3m（含 3m）的基坑（槽）的土方开挖工程	
二、模板工程及支撑体系	☐ 各类工具式模板工程：包括大模板、滑模、爬模、飞模工程 ☐ 混凝土模板支撑工程：搭设高度 5m 及以上；搭设跨度 10m 及以上，施工总载荷 10kN/m² 及以上，集中线载荷 15kN/m² 及以上；高度大于支撑水平投影宽度且相对独立无联系构件的混凝土模板支撑工程 ☐ 承重支撑系统：用于钢结构安装等满堂支撑体系	
三、起重吊装安装拆卸工程	☐ 采用非常规起重设备、方法，且单件起吊重量在 10kN 以上的起重吊装工程 ☐ 采用起重设备机械进行安装的工程 ☐ 起重机械设备自身的安装、拆卸	
四、脚手架工程	☐ 搭设高度 24m 及以上的落地式钢管脚手架工程 ☐ 附着式整体和分片提升脚手架工程 ☐ 悬挑脚手架工程 ☐ 吊篮脚手架工程 ☐ 自制卸料平台、移动操作平台工程 ☐ 新型及异型脚手架工程	
五、拆除、爆破工程	☐ 建筑物、构筑物拆除工程 ☐ 采用爆破拆除工程	
六、其他	☐ 建筑幕墙安装工程 ☐ 钢结构、网架、索膜结构安装工程 ☐ 人工挖孔桩工程 ☐ 地下暗挖、顶管及水下作业工程 ☐ 预应力工程 ☐ 采用新技术、新工艺、新材料、新设备及尚无相关技术标准的危险性较大的分部分项工程	

超过一定规模的危险性较大的分部分项工程清单

分部分项工程	内容	计划实施时间
一、深基坑工程	☐ 开挖深度超过 5m（含 5m）的基坑（槽）的土方开挖、支护、降水工程 ☐ 开挖深度虽未超过 5m，但地质条件、周围环境和地下管线复杂，或影响毗邻建筑（构筑）物安全的基坑（槽）的土方开挖、支护、降水工程	

续表

工程名称		结构层次	
施工单位		项目经理	
监理单位		总监理工程师	

超过一定规模的危险性较大的分部分项工程清单

分部分项工程	内容	计划实施时间
二、模板工程及支撑体系	☐ 工具式模板工程：包括滑模、爬模、飞模工程 ☐ 混凝土模板支撑工程：搭设高度8m及以上，搭设跨度18m及以上，施工总载荷15kN/m² 及以上，集中线载荷20kN/m及以上 ☐ 承重支撑系统：用于钢结构安装等满堂支撑体系，承受单点集中荷载700kg以上	
三、起重吊装安装拆卸工程	☐ 采用非常规起重设备、方法，且单件起吊重量在100kN以上的起重吊装工程 ☐ 起重量300kN及以上的起重设备安装工程、安装高度200m及以上的起重设备的拆除工程	
四、脚手架工程	☐ 搭设高度50m及以上的落地式钢管脚手架工程 ☐ 提升高度150m及以上附着式整体和分片提升脚手架工程 ☐ 架体高度20m及以上悬挑脚手架工程	
五、拆除、爆破工程	☐ 采用爆破拆除工程 ☐ 码头、桥梁、高架、烟囱、水塔或拆除中容易引起有毒有害气（液）体或粉尘扩散、易燃易爆事故发生的特殊建、构筑物拆除工程 ☐ 可能影响行人、交通、电力设施、通信设施或其他建、构筑物安全的拆除工程 ☐ 文物保护建筑、优秀历史建筑历史文化风貌区控制范围的拆除工程	
六、其他	☐ 施工高度50m及以上的建筑幕墙安装工程 ☐ 跨度大于36m及以上的钢结构安装工程；跨度大于60m及以上的网架和索膜结构安装工程 ☐ 开挖深度超过16m的人工挖孔桩工程 ☐ 地下暗挖、顶管及水下作业工程 ☐ 采用新技术、新工艺、新材料、新设备及尚无相关技术标准的危险性较大的分部分项工程	

安全管理措施（可另附页）：

项目经理（签字）：	总监理工程师（签字）：	项目负责人（签字）：
施工单位（盖章） 　　　年　月　日	监理单位（盖章） 　　　年　月　日	建设单位（盖章） 　　　年　月　日

3. 任务考评

任务考核表

序号	考核内容	所占分值	自评评分	小组评分	教师评分
1	是否按要求完成了实训内容	20			
2	是否熟悉危大和超危大工程的内容和流程	25			
3	是否能收集与梳理安全资料	25			
4	实训态度	10			
5	团队合作	10			
6	拓展知识	10			
	小计	100			
	总评（取小计平均分）				

知　识　拓　展

编制项目安全
生产管理计划

思　考　题

1. 安全管理资料基本内容包括哪些？

2. 专项施工方案编制基本内容包括哪些？

3. 安全技术交底主要内容及要求是什么？

4. 安全检查记录及隐患整改的要求是什么？

5. 项目部对进场使用的安全防护用品（具）应查验哪些证明材料？

学　习　鉴　定

一、填空题

1. 文明施工资料由_____负责组织收集、整理资料。

2. 安全检查的形式包括各管理层次的自查、_____的抽查。

3. 安全技术交底必须是以_____形式进行，交底人、接底人、专职安全员要严格履行签字手续。

4. 安全技术交底要按不同工程的特点和不同的施工方法，针对施工现场和周围的环境，从_____和技术上，提出相应的安全措施和要求。

二、判断题

1. 项目部应做好平安创建工作，按时发放农民工工资。　　　　　　（　　）

2. 项目部应建立文明（绿色）施工管理系统，制定相应的管理制度与目标。（　　）

3. 机械租赁合同及安全管理协议书不需要双方的签字。　　　　　　（　　）

4. 贵重物品、易燃、易爆材料管理制度要求要挂在仓库的明显位置。　（　　）

项目7 安全事故管理

学习目标

掌握安全事故的定义与分类；掌握安全事故上报流程；掌握安全事故的调查分析流程；熟悉安全事故应急救援预案的编制过程。

案例引入

2020年3月7日19时5分，某市××酒店发生坍塌事故，共有71人被困（不含自救逃生的9人）。截至2020年3月12日11时15分，现场搜救出受困人员71人，死亡29人（其中27人救出时已无生命体征，2人送医抢救无效死亡），已掌握的受困人员已全部救出。经国务院事故调查组认定，该市××酒店"3.7"坍塌事故是一起主要因违法违规建设、改建和加固施工导致建筑物坍塌的重大生产安全责任事故。

据调查，该项目未履行基本建设程序，无规划和施工许可，存在非法建设、违规改造等严重问题，特别是房屋业主发现房屋基础沉降和承重柱变形等重大事故前兆，仍继续冒险施工；地方相关职能部门监管不到位，导致安全关卡层层失效，最终酿成惨烈事故。

任务7.1 危险源与引发事故的因素

俗话说"千里之堤，溃于蚁穴"，事故的发生并非偶然，事故发生的背后总有着各种引发事故的危险源和不安全因素存在。为了保护人民的生命财产安全，我国安全管理和劳动保护工作坚持"安全第一，预防为主，综合治理"的指导方针。因此，及时识别危险源，消除不安全因素，是预防事故最有效的手段。但是，如果事故已经发生，如何处理及总结经验教训同样重要，很多不安全因素也是在事故中总结出来的。

施工现场安全生产重大隐患及多发性事故

1. 危险源的定义与分类

（1）危险源的定义

危险源是指可能导致人身伤害、疾病、财产损失、工作环境破坏等的危险因素和有害因素。危险源中的危险因素引发的伤害事故具有突发性、瞬间性；有害因素对环境或人造成慢性损害和积累作用。广义上来讲，工程建设的安全风险因素就是工程建设中的危险源。

危险源辨识与安全隐患处置

（2）危险源的分类

工程建设中的危险源可以根据不同的分类标准进行分类。

1）根据在事故发生发展中的作用，分为第一类危险源和第二类危险源。

第一类危险源指可能发生意外释放的能量的载体或危险物质，如运动机械、爆破设备等。

第二类危险源指造成约束、限制能量的措施失效或破坏的各种不安全因素，包括物的不安全状态、人的不安全行为、环境因素和管理缺陷，例如管路破裂、违规操作等。

2）根据建设工程的阶段进行分类，可分为：

① 施工准备阶段的危险源，如地质勘测失误等；

② 施工阶段的危险源，如滑坡，火灾等；

③ 工程验收交付阶段的危险源，如质量缺陷等。

3）根据项目参与方及其活动分类，可分为：

① 材料供应方供应的原材料或产品的危险源；

② 施工方施工过程中的危险源；

③ 设备租赁方提供的设备的危险源；

④ 其他相关方活动中的危险源。

4）考虑三种施工状态下的危险源

① 正常施工状态下的危险源；

② 异常施工状态下的危险源；

③ 紧急情况下的危险源。

5）三种时态下的危险源

① 过去曾出现的危险源；

② 现在正发生的危险源；

③ 将来可能出现的危险源。

2. 引发事故的因素

某市通过对辖区内的事故原因进行调查分析，发现引发事故的不安全因素包括如下几类因素，见表7-1。

安全事故发生的因素 表7-1

人的不安全行为	物的不安全状态	管理原因
1. 忽视个体劳动防护用品、用具的使用或未能正确使用； 2. 忽视安全、忽视警告、操作错误； 3. 有干扰和分散注意力行为； 4. 不安全装束； 5. 其他	1. 防护、保险、信号等装置缺乏或缺陷； 2. 设备、设施、工具、附件有缺陷； 3. 生产（施工）场地作业环境不良； 4. 劳动防护用品用具缺乏或有缺陷； 5. 其他	1. 安全生产教育培训不够； 2. 对现场工作缺乏检查或指导错误； 3. 未落实安全生产责任制； 4. 劳动组织不合理； 5. 施工组织不合理； 6. 违法建设； 7. 技术和设计上缺陷； 8. 其他

此外，每种事故类型还与该事故作业环境中特定的起因物、致害物和伤害方式有关。

总结起来，物的不安全状态、人的不安全行为、起因物、致害物和伤害方式是引发安全事故的五个基本因素，简称"事故五要素"。

（1）物的不安全状态

物的不安全状态指在施工场所和作业项目中存在事故的起因物和致害物，或能使起因物和致害物起作用的状态。违法违规（这里的法律规章指安全生产法律法规、工程建设标准、企业安全生产制度）的状态一定是不安全状态，但不安全状态不一定都违法违规，因此，需要根据现场情况仔细分析研究，找出可能存在的不安全状态，及时排除。

（2）人的不安全行为

人的不安全行为指在施工作业中存在的违章指挥、违章作业、违反劳动纪律以及其他可能引发和导致安全事故发生的行为。

人的不安全行为在施工现场不同程度存在，具有普遍性，与安全工作的环境氛围有关，营造良好的安全工作氛围是减少和消除不安全行为存在和滋长的重要手段。

（3）起因物、致害物和伤害方式

起因物指直接引发安全事故的物体；致害物指直接导致伤害发生的物体；伤害方式指作用于被伤害者的方式。

3. 预防事故的方法

以上事故五要素中，人的不安全行为与物的不安全状态是产生事故的直接原因，消除人的不安全行为和物的不安全状态可以预防大部分事故。预防事故的方法主要有：

（1）对工程技术方案进行审查与改进，强化安全防护技术；

（2）对作业工人进行安全教育，强化安全意识；

（3）对不适宜从事某种作业的人员进行调整；

（4）必要的惩戒。

任务 7.2　事故定义分类

事故的范畴较为广泛，例如，交通事故，生产安全事故等，无论哪种事故，都是人们不希望出现的，而想要更好地在建筑施工领域预防事故的发生，就需要重点关注在该领域容易发生的生产安全事故和企业职工伤亡事故，事故包括了生产安全事故，生产安全事故包括了企业职工伤亡事故，如图 7-1 所示。

1. 事故定义

（1）事故

事故指人们在进行有目的的活动过程中，突然发生的违反人们意愿，并可能使有目的的活动发生暂时性或永久性中止，造成人员伤亡或（和）财产损失的意外事件。凡是引起人身伤害、导致生产中断或国家财产损失的所有事件统称为事故。

（2）生产安全事故

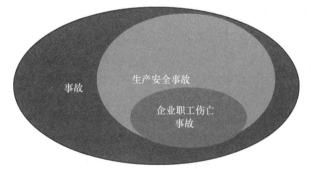

图 7-1　事故的范畴

生产安全事故是指生产经营单位在生产经营活动（包括与生产经营有关的活动）中，突然发生的伤害人身安全和健康或者损坏设备设施或者造成经济损失，导致原生产经营活动暂时中止或永远终止的意外事件。

（3）企业职工伤亡事故

《生产安全事故报告和调查处理条例》（国务院令第493号）将企业职工伤亡事故规定为：企业职工在劳动过程中发生的人身伤害、急性中毒事故。2021年6月10日，第十三届全国人民代表大会常务委员会第二十九次会议《关于修改〈中华人民共和国安全生产法〉的决定》的适用范围是中华人民共和国领域内从事生产经营活动的单位。企业职工伤亡事故为：生产经营单位的从业人员在生产经营活动中或与生产经营活动相关的活动中，突然发生的造成人体组织受到损伤或人体的某些器官失去正常机能，导致负伤肌体暂时或长期地丧失劳动能力，甚至终止生命的事故。

2. 事故分类

事故的分类有多种方法，为便于事故处理和事故分析，生产安全事故以造成的损失和人身伤亡分类，企业职工伤亡事故按事故类别分类较为常用。

《生产安全事故报告和调查处理条例》（国务院令第493号）规定，根据生产安全事故造成的人员伤亡或者直接经济损失，事故一般分为以下等级：

（1）特别重大事故，是指造成30人以上死亡，或者100人以上重伤（包括急性工业中毒，下同），或者1亿元以上直接经济损失的事故；

（2）重大事故，是指造成10人以上30人以下死亡，或者50人以上100人以下重伤，或者5000万元以上1亿元以下直接经济损失的事故；

（3）较大事故，是指造成3人以上10人以下死亡，或者10人以上50人以下重伤，或者1000万元以上5000万元以下直接经济损失的事故；

（4）一般事故，是指造成3人以下死亡，或者10人以下重伤，或者1000万元以下直接经济损失的事故。

上述条款中"以上"包括本数，所称的"以下"不包括本数，事故等级概括见表7-2，需注意，如果按三种判断标准对事故等级定性不同时，以最高等级定性。例如，某事故，死亡12人，重伤1人，直接经济损失2亿元，此时应定性为特别重大事故。

事故等级表 表7-2

事故等级	一般	较大	重大	特大
死亡人数（人）	（0，30）	［3，10）	［10，30）	［30，∞）
重伤人数（人）	（0，10）	［10，50）	［50，100）	［100，∞）
直接经济损失（万元）	（0，1000）	［1000，5000）	［5000，10000）	［10000，∞）

按企业职工伤亡事故按类型划分为：高处坠落事故、物体打击事故、坍塌事故、起重伤害事故、机械伤害事故、触电事故、车辆伤害事故、中毒和窒息事故、火灾和爆炸事故、其他事故等。各个类型的事故会在不同的作业类型中出现，在建设工程中常见的事故

类别分析统计见表 7 3。

事故信息统计分析表

表 7-3

事故类别	事故原因	作业类型
高处坠落	1. 高处、临边作业未系挂安全带； 2. 违规翻越吊篮； 3. 架体上下时，取掉安全带挂钩未及时挂安全带； 4. 安全带未系挂牢固； 5. 临边、洞口安全防护缺失； 6. 人工下桩孔内未使用安全带及防坠器； 7. 安全带或安全带断裂，未及时抽查劳保用品安全可靠性； 8. 违章作业	1. 人工挖孔桩作业； 2. 室内外临边构造柱作业； 3. 幕墙安装作业； 4. 外装涂料作业； 5. 卸料平台材料转运； 6. 抹灰作业； 7. 打磨作业； 8. 架体搭设/拆除作业； 9. 大型机械设备安拆； 10. 桥墩作业； 11. 钢筋绑扎
物体打击	1. 作业点上部遗留碎石坠落打击； 2. 起重吊装作业吊物捆绑不牢固； 3. 人工挖孔桩钢丝绳脱落； 4. 石块打击； 5. 机械设备碰倒门楼砸人； 6. 墙体拆除施工安排不当； 7. 爆破作业飞石伤人； 8. 劳动组织不合理； 9. 场地布置不合理； 10. 交叉作业物体坠落伤人	1. 人工挖孔桩作业； 2. 爆破作业； 3. 墙体拆除作业； 4. 起重吊装作业； 5. 轻质隔板墙安装； 6. 架体拆除作业
机械伤害	1. 现场机械设备安全管理混乱，未定期组织机械设备安全检查； 2. 人员安全意识淡薄，违规进入挖机旋转半径内； 3. 机械设备安全装置失效； 4. 泵车臂架下落伤人； 5. 衣物被钢筋套丝机卷入； 6. 作业人员违规使用角磨机锯木方，不慎割伤腿部动脉血管； 7. 场内车辆坠入基坑内； 8. 人员违规进入搅拌机内，操作员不知情启动设备伤人	1. 土石方开挖作业； 2. 钢筋加工作业； 3. 混凝土浇筑作业； 4. 运输作业
触电事故	1. 操作人员安全防护不到位，未持证上岗； 2. 整理电线时，未断电； 3. 作业时信息沟通有误，造成误操作合闸触电； 4. 设备转运过程中未断电造成触电； 5. 违规使用碘钨灯触电； 6. 施工方案不合理，作业上空高压线未做安全保护，导致触电	1. 设备移动； 2. 操作架移动； 3. 电路、设备维修作业； 4. 钻孔作业； 5. 外墙抹灰

事故类别	事故原因	作业类型
淹溺事故	1. 桥上作业时坠落到江里； 2. 作业时坠入生化池内； 3. 桩基施工坠入泥浆池； 4. 集水井安全防护缺失，人员坠入集水井内	1. 桥梁施工； 2. 混凝土浇筑作业； 3. 桩基施工
坍塌事故	1. 基坑边坡未按照规范放坡开挖，基坑截排水措施缺失； 2. 污水管沟沟壁中风化页岩突然自然滑坡； 3. 钢筋骨架失稳坍塌； 4. 剪力墙和屋面板坍塌； 5. 地梁沟槽局部滑坡，造成人员掩埋； 6. 林场堡坎边坡上方松土垮塌； 7. 材料堆码不规范造成坍塌； 8. 阳台根部折断坍塌； 9. 地下室边坡坍塌	1. 基槽清底作业； 2. 污水管沟清底； 3. 桩基钢筋安装作业； 4. 墙体加固作业； 5. 地梁沟槽开挖作业； 6. 林场堡坎施工； 7. 外阳台作业； 8. 挡墙浇筑施工
车辆伤害事故	1. 混凝土罐车溜车侧翻； 2. 场内三轮车驾驶不当冲入坑内； 3. 压路机压倒人员； 4. 混凝土运输车辆故障侧翻； 5. 作业人员无证驾驶铲车侧翻	1. 混凝土浇筑作业； 2. 基坑开挖作业； 3. 场平施工； 4. 桩基础施工
起重伤害事故	1. 施工电梯撞到卸料平台发生倾覆； 2. 塔吊作业过程中基础标节断裂倒塌； 3. 模板未绑扎牢固，违章指挥起吊，模板坠落伤人； 4. 塔吊转速过快，石块掉落伤人； 5. 塔吊吊装钢丝绳断裂，料斗坠落伤人； 6. 塔吊超载、基础标节断裂倒塌； 7. 工人在配合吊车吊放钢筋笼作业时，被钢筋笼带入桩孔内，卡在钢筋笼与钢护筒之间被挤压致死； 8. 塔吊吊套架时，吊车突然侧翻； 9. 吊运的钢管撞击到车库钢筋加工区防护棚立面，导致防护棚被撞倒伤人； 10. 人员身体伸出施工电梯安全防护栏杆外 11. 楼层位置处，头部被施工电梯附墙架和安全防护栏杆挤压	1. 卸料平台材料转运作业； 2. 钢筋吊运作业； 3. 起重吊装作业； 4. 钢筋笼吊装作业； 5. 塔吊安装作业； 6. 悬挂楼层标牌时

任务 7.3 事故的应急救援与上报

为防患于未然，生产经营单位应编制应急预案，在建设工程生产安全事故发生之后应及时进行应急救援和及时上报，进行应急救援可以减轻伤害及损害程度，避免事态扩大与恶化。根据《生产事故应急管理办法》和《生产经营单位生产安全事故应急预案编制导则》，应急预案的编制应当遵循以人为本、依法依规、符合实际、注重实效的原则，以应急处置为核心，明确应急职责、规范应急程序、细化保障措施。

安全事故救援　　　安全事故救援　　　安全事故救援
处理知识（一）　　处理知识（二）　　处理知识（三）

1. 安全事故应急救援预案的编制

（1）安全事故应急预案的基本概念

物体打击事故的
预防及其应急
救援预案

救援预案分为三级，即政府级、企业级和项目级，预案的适用范围逐级缩小。政府级预案为县级以上地方人民政府建设行政主管部门制定的本行政区域内建设工程特大生产安全事故应急救援预案。因为是针对危险性大、救援难度大、事态严重、时间紧急、社会影响大、群众高度关注的特大事故，所以需要迅速调集和投入巨大的应急救援资源（人力、物力、财力），并在强有力的统一组织和指挥下进行抢险救援工作，以实现迅速排除险情、抢救人员和减轻损失的要求。企业级预案即生产经营单位应急预案，是生产经营单位根据有关法律、法规、规章和相关标准，结合本单位组织管理体系、生产规模和可能发生的事故特点，与相关预案保持衔接，确立本单位的应急预案体系，编制相应的应急预案。项目级预案为施工单位针对在施工工程项目情况和条件制定的特定施工现场生产安全事故的应急救援预案。

安全事故救援
处理知识（四）

应急预案编制应依据事故风险评估及应急资源调查结果，结合本单位组织管理体系、生产规模等实际情况，合理确立本单位应急预案体系。结合组织管理体系及部门业务职能划分，科学设定本单位应急组织机构及职责。依据事故可能的危害程度和区域范围，结合应急处置权限及能力，清晰界定本单位的响应分级标准，制定相应层级的应急处置措施。按照有关规定和要求，确定信息报告、响应分级、指挥权移交、警戒疏散等方面的内容，落实与相关部门和单位应急预案的衔接。

生产经营单位应急预案分为综合应急预案、专项应急预案和现场处置方案。生产经营单位应当根据有关法律、法规和相关标准，结合本单位组织管理体系、生产规模和可能发生的事故特点，科学合理确立本单位的应急预案体系，并注意与自然灾害、社会安全、公共卫生等其他类别应急预案相衔接。

1）综合应急预案，是指生产经营单位为应对各种生产安全事故而制定的综合性工作方案，是本单位应对生产安全事故的总体工作程序、措施和应急预案体系的总纲。

2）专项应急预案，是指生产经营单位为应对某一种或者多种类型生产安全事故，或者针对重要生产设施、重大危险源、重大活动防止生产安全事故而制定的专项性工作方案。

3）现场处置方案，是指生产经营单位根据不同生产安全事故类型，针对具体场所、装置或者设施所制定的应急处置措施。

（2）应急预案的编制要求

根据《生产事故应急管理办法》，应急预案的编制应当符合下列基本要求：

1）有关法律、法规、规章和标准的规定；

2）本地区、本部门、本单位的安全生产实际情况；

3）本地区、本部门、本单位的危险性分析情况；

4）应急组织和人员的职责分工明确，并有具体的落实措施；

5）有明确、具体的应急程序和处置措施，并与其应急能力相适应；

6）有明确的应急保障措施，满足本地区、本部门、本单位的应急工作需要；

7）应急预案基本要素齐全、完整，应急预案附件提供的信息准确；

8）应急预案内容与相关应急预案相互衔接。

（3）应急预案的编制步骤

1）编制应急预案应当成立编制工作小组，由本单位有关负责人任组长，吸收与应急预案有关的职能部门和单位的人员，以及有现场处置经验的人员参加。

2）编制应急预案前，编制单位应当进行事故风险辨识、评估和应急资源调查。

事故风险辨识、评估，是指针对不同事故种类及特点，识别存在的危险因素，分析事故可能产生的直接后果以及次生、衍生后果，评估各种后果的危害程度和影响范围，提出防范和控制事故风险措施的过程。

应急资源调查，是指全面调查本地区、本单位第一时间可以调用的应急资源状况和合作区域内可以请求援助的应急资源状况，并结合事故风险辨识评估结论制定应急措施的过程。

（4）应急预案的编制内容

1）政府应急预案

地方各级人民政府应急管理部门和其他负有安全生产监督管理职责的部门应当根据法律、法规、规章和同级人民政府以及上一级人民政府应急管理部门和其他负有安全生产监督管理职责的部门的应急预案，结合工作实际，组织编制相应的部门应急预案。

部门应急预案应当根据本地区、本部门的实际情况，明确信息报告、响应分级、指挥权移交、警戒疏散等内容。

2）综合应急预案

生产经营单位风险种类多、可能发生多种类型事故的，应当组织编制综合应急预案。

综合应急预案应当规定应急组织机构及其职责、应急预案体系、事故风险描述、预警及信息报告、应急响应、保障措施、应急预案管理等内容。

根据《生产经营单位生产安全事故应急预案编制导则》，综合应急预案的主要内容见表7-4。

综合应急预案的主要内容　　　　　　　　　表7-4

内容		具体说明
总则	适用范围	说明应急预案适用的范围
	应急预案体系	简述本单位应急预案体系构成分级情况，明确与地方政府等其他相关应急预案的衔接关系（可用图示）
	应急工作原则	说明本单位应急处置工作的原则，内容应简明扼要、明确具体

	内容	具体说明
总则	应急组织机构及职责	明确生产经营单位的应急组织形式及组成单位（部门）或人员（可用图示），明确构成单位（部门）的应急处置职责。根据事故类型和应急处置工作需要，应急组织机构可设置相应的工作小组，各小组具体构成及职责任务建议作为附件
预警及信息报告	预警	对于可以预警的生产安全事故，明确预警分级条件，预警信息发布、预警行动以及预警级别调整和解除的程序及内容
	信息报告	1. 信息接收与通报 明确 24 小时应急值守电话、事故信息接收、通报程序和责任人。 2. 信息上报 明确事故发生后向上级主管部门、上级单位报告事故信息的流程、内容、时限和责任人。 3. 信息传递 明确事故发生后向本单位以外的有关部门或单位通报事故信息的方法、程序和责任人
应急响应	响应分级	结合事故可能危及人员的数量、影响范围以及单位处置层级等因素综合划定本单位应急响应级别，可分为Ⅰ级、Ⅱ级、Ⅲ级，一般不超过Ⅳ级。 1. Ⅰ级：事故后果超出本单位处置能力，需要外部力量介入方可处置。 2. Ⅱ级：事故后果超出基层单位处置能力，需要本单位采取应急响应行动方可处置。 3. Ⅲ级：事故后果仅限于本单位的局部区域，基层单位采取应急响应行动即可处置
	响应程序	确定应急响应程序（应配上响应流程方框图），主要包括： 1. 应急响应启动 明确应急响应启动的程序和方式。可由有关领导作出应急响应启动的决策并宣布，或者依据事故信息是否达到应急响应启动的条件自动触发启动。若未达到应急响应启动条件，应做好应急响应准备，实时跟踪事态发展。 2. 应急响应内容 明确应急响应启动后的程序性工作，包括紧急会商、信息上报、应急资源协调、后勤保障、信息公开等工作
	应急处置	明确事故现场的警戒疏散、医疗救治、现场监测、技术支持、工程抢险、环境保护及人员防护等工作要求
	扩大应急	明确当事态无法控制情况下，向外部力量请求支援的程序及要求
	响应终止	明确应急响应结束的基本条件和要求
后期处置		明确污染物处理、生产秩序恢复、医疗救治、人员安置、应急处置评估等内容
应急保障	通信与信息保障	明确可为本单位提供应急保障的相关单位及人员通信联系方式和方法，以及备用方案。同时，制定信息通信系统及维护方案，确保应急期间信息通畅
	应急队伍保障	明确相关的应急人力资源，包括应急专家、专业应急队伍、兼职应急队伍等
	物资装备保障	明确本单位的应急物资和装备的类型、数量、性能、存放位置、运输及使用条件、更新及补充时限、管理责任人及其联系方式等内容，并建立档案
	其他保障	根据应急工作需求而确定的其他相关保障措施（如：经费保障、交通运输保障、治安保障、技术保障、医疗保障、后勤保障等）

内容	具体说明
预案管理	主要明确以下内容： 1. 明确生产经营单位应急预案宣传培训计划、方式和要求； 2. 明确生产经营单位应急预案演练的计划、类型和频次等要求； 3. 明确应急预案评估的期限、修订的程序； 4. 明确应急预案的报备部门

3）专项应急预案

对于某一种或者多种类型的事故风险，生产经营单位可以编制相应的专项应急预案，或将专项应急预案并入综合应急预案。

根据《生产经营单位生产安全事故应急预案编制导则》，专项应急预案的主要内容有：

① 适用范围：说明专项应急预案适用的范围，以及与综合应急预案的关系。

② 应急组织机构及职责：根据事故类型，明确应急组织机构以及各成员单位或人员的具体职责。应急指挥机构可以设置相应的应急工作小组，明确各小组的工作任务及主要负责人职责。

③ 处置措施：针对可能发生的事故风险、危害程度和影响范围，明确应急处置指导原则，制定相应的应急处置措施。

4）现场处置方案

对于危险性较大的场所、装置或者设施，生产经营单位应当编制现场处置方案。现场处置方案应当规定应急工作职责、应急处置措施和注意事项等内容。事故风险单一、危险性小的生产经营单位，可以只编制现场处置方案。

生产经营单位应急预案应当包括向上级应急管理机构报告的内容、应急组织机构和人员的联系方式、应急物资储备清单等附件信息。附件信息发生变化时，应当及时更新，确保准确有效。

根据《生产经营单位生产安全事故应急预案编制导则》，现场处置方案的主要内容见表 7-5。

现场处置方案的主要内容　　　　　　　　　　　　　　　　　　　　表 7-5

内容	具体说明
事故风险描述	主要包括： 1. 事故类型； 2. 事故发生的区域、地点或装置的名称； 3. 事故发生的可能时间、危害程度及其影响范围； 4. 事故前可能出现的征兆； 5. 可能引发的次生、衍生事故
应急工作职责	针对具体场所、装置或者设施，明确应急组织分工和职责
应急处置	主要包括以下内容： 1. 事故应急响应程序。结合现场实际，明确事故报警、自救互救、初期处置、警戒疏散、人员引导、扩大应急等程序。 2. 现场初期处置措施。针对可能的事故风险，制定人员救援、工艺操作、事故控制、消防等方面的初期处置措施，以及现场恢复、现场证据保护等方面的工作方案。基层单位可依据初期处置措施，针对事故现场处置工作需要，灵活制定现场工作方案

内容	具体说明
注意事项	主要包括： 1. 个人防护方面的注意事项； 2. 现场先期处置方面的注意事项； 3. 自救和互救方面的注意事项； 4. 其他需要特别警示的事项

5）应急处置卡

生产经营单位应当在编制应急预案的基础上，针对工作场所、岗位的特点，编制简明、实用、有效的应急处置卡，如图 7-2 所示。

图 7-2　岗位安全应急处置卡

应急处置卡应当规定重点岗位、人员的应急处置程序和措施，以及相关联络人员和联系方式，便于从业人员携带或查看。

应急处置卡内容包括：

① 岗位名称：明确应急组织机构功能组的名称（含组成）或重点岗位的名称。

② 行动程序及内容：明确应急组织机构功能组或重点岗位人员预警及信息报告、应急响应、后期处置中所采取的行动步骤及措施。

③ 联系电话：列出应急工作中主要联系的部门、机构或人员的联系方式。

④ 其他事项：其他需要注意的事项。

除了编制应急救援预案外，应急救援需要通过平时的培训和演练来加强实效，如图 7-3 所示。

2. 事故报告

（1）事故上报规定

根据《生产安全事故报告和调查处理条例》（国务院令第 493 号），事故发生后，须在规定时限内逐级上报。

1）事故发生后，事故现场有关人员应当立即向本单位负责人报告；单位负责人接到报告后，应当于 1 小时内向事故发生地县级以上人民政府安全生产监督管理部门和负有安全生产监督管理职责的有关部门报告。

情况紧急时，事故现场有关人员可以直接向事故发生地县级以上人民政府安全生产监督管理部门和负有安全生产监督管理职责的有关部门报告。

图 7-3　某项目部物体打击事故演练

2）安全监督管理部门和负有安全生产监督管理职责的有关部门接到事故报告后，应当依照下列规定上报事故情况，并通知公安机关、劳动保障行政部门、工会和人民检察院。

① 特别重大事故、重大事故逐级上报至国务院安全生产监督管理部门和负有安全生产监督管理职责的有关部门；

② 较大事故逐级上报至省、自治区、直辖市人民政府安全生产监督管理部门和负有安全生产监督管理职责的有关部门；

③ 一般事故上报至设区的市级人民政府安全生产监督管理部门和负有安全生产监督管理职责的有关部门。

安全事故的救援及处理（一）

安全事故的救援及处理（二）

安全生产监督管理部门和负有安全生产监督管理职责的有关部门依照前款规定上报事故情况，应当同时报告本级人民政府。国务院安全生产监督管理部门和负有安全生产监督管理职责的有关部门以及省级人民政府接到发生特别重大事故、重大事故的报告后，应当立即报告国务院。

必要时，安全生产监督管理部门和负有安全生产监督管理职责的有关部门可以越级上报事故情况。

3）安全生产监督管理部门和负有安全生产监督管理职责的有关部门逐级上报事故情况，每级上报的时间不得超过 2 小时。

以上内容，可用表 7-6 予以简要概括。

（2）事故报告内容

1）事故发生单位概况；

2）事故发生的时间、地点以及事故现场情况；

3）事故的简要经过；

4）事故已经造成或者可能造成的伤亡人数（包括下落不明的人数）和初步估计的直接经济损失；

5）已经采取的措施；

6）其他应当报告的情况。

事故上报层级表   表 7-6

事故等级	一般事故	较大事故	特别重大、重大事故
上报至最高单位	市级	省级	国务院
备注	事故上报需逐级上报，除现场人员上报时限为 1 小时外，其余各级上报时间为 2 小时		

（3）事故现场处置

在进行抢（排）险和救援工作时，应注意保护事故现场，其要求和做法为：

1）对现状有扰动与改变时，应先拍照，并将拍照的时间、地点、张数和拍照人记录在拍照笔记本上，以备使用时查对；

2）对事故现场拍照的同时，还应绘制事故现场状态图，包括平面图和显示空间状态的立面图，并注上应有的尺寸和状态说明文字；

3）因抢救工作需要移动现场物品时，必须做出标志（竖牌、定点、标出状态和位置线等），并在事故现场状态图（复印件）上详细注明。事故照片和现场图必须清晰拍照和准确绘制，拒签负责（已办意外伤害保险者，还应有保险查验人员的签认），不得以虚掩实、避重就轻，甚至故意破坏事故现场、毁坏有关证据。否则，必将追究其相应的法律责任。

任务 7.4 事故调查分析与处理

1. 事故调查

事故调查和处理，应当以严肃认真、实事求是和尊重科学的态度，坚持"四不放过"原则，即事故原因未查清不放过，责任人员未处理不放过，整改措施未落实不放过，有关人员未受到教育不放过。根据国务院《生产安全事故报告和调查处理条例》（国务院令第 493 号），生产安全事故调查规定如下：

安全事故的救援
及处理（三）

（1）特别重大事故由国务院或者国务院授权有关部门组织事故调查组进行调查。重大事故、较大事故、一般事故分别由事故发生地省级人民政府、设区的市级人民政府、县级人民政府负责调查。省级人民政府、设区的市级人民政府、县级人民政府可以直接组织事故调查组进行调查，也可以授权或者委托有关部门组织事故调查组进行调查。

未造成人员伤亡的一般事故，县级人民政府也可以委托事故发生单位组织事故调查组进行调查。

（2）上级人民政府认为必要时，可以调查由下级人民政府负责调查的事故。

自事故发生之日起 30 日内（道路交通事故、火灾事故自发生之日起 7 日内），因事故伤亡人数变化导致事故等级发生变化，依照本条例规定应当由上级人民政府负责调查的，上级人民政府可以另行组织事故调查组进行调查。

（3）特别重大事故以下等级事故，事故发生地与事故发生单位不在同一个县级以上行政区域的，由事故发生地人民政府负责调查，事故发生单位所在地人民政府应当派人参加。

（4）事故调查组的组成应当遵循精简、效能的原则。

根据事故的具体情况，事故调查组由有关人民政府、安全生产监督管理部门、负有安全生产监督管理职责的有关部门、监察机关、公安机关以及工会派人组成，并应当邀请人民检察院派人参加。

事故调查组可以聘请有关专家参与调查。

（5）事故调查组成员应当具有事故调查所需要的知识和专长，并与所调查的事故没有直接利害关系。

（6）事故调查组组长由负责事故调查的人民政府指定。事故调查组组长主持事故调查组工作。

（7）事故调查组履行下列职责：

1）查明事故发生的经过、原因、人员伤亡情况及直接经济损失；

2）认定事故的性质和事故责任；

3）提出对事故责任者的处理建议；

4）总结事故教训，提出防范和整改措施；

5）提交事故调查报告。

（8）事故调查组有权向有关单位和个人了解与事故有关的情况，并要求其提供相关文件、资料，有关单位和个人不得拒绝。

事故发生单位的负责人和有关人员在事故调查期间不得擅离职守，并应当随时接受事故调查组的询问，如实提供有关情况。

事故调查中发现涉嫌犯罪的，事故调查组应当及时将有关材料或者其复印件移交司法机关处理。

（9）事故调查中需要进行技术鉴定的，事故调查组应当委托具有国家规定资质的单位进行技术鉴定。必要时，事故调查组可以直接组织专家进行技术鉴定。技术鉴定所需时间不计入事故调查期限。

（10）事故调查组成员在事故调查工作中应当诚信公正、恪尽职守，遵守事故调查组的纪律，保守事故调查的秘密。

未经事故调查组组长允许，事故调查组成员不得擅自发布有关事故的信息。

（11）事故调查组应当自事故发生之日起60日内提交事故调查报告；特殊情况下，经负责事故调查的人民政府批准，提交事故调查报告的期限可以适当延长，但延长的期限最长不超过60日。

（12）事故调查报告应当包括下列内容：

1）事故发生单位概况；

2）事故发生经过和事故救援情况；

3）事故造成的人员伤亡和直接经济损失；

4）事故发生的原因和事故性质；

5）事故责任的认定以及对事故责任者的处理建议；

6）事故防范和整改措施。

2. 事故处理

根据国务院《生产安全事故报告和调查处理条例》，生产安全事故调查完毕后，相关部门应对调查报告及时作出批复，依法处置相关责任人，总结经验教训，公开处理结果。

（1）重大事故、较大事故、一般事故，负责事故调查的人民政府应当自收到事故调查报告之日起 15 日内作出批复；特别重大事故，30 日内作出批复，特殊情况下，批复时间可以适当延长，但延长的时间最长不超过 30 日。

有关机关应当按照人民政府的批复，依照法律、行政法规规定的权限和程序，对事故发生单位和有关人员进行行政处罚，对负有事故责任的国家工作人员进行处分。

事故发生单位应当按照负责事故调查的人民政府的批复，对本单位负有事故责任的人员进行处理。负有事故责任的人员涉嫌犯罪的，依法追究刑事责任。

（2）事故发生单位应当认真吸取事故教训，落实防范和整改措施，防止事故再次发生。防范和整改措施的落实情况应当接受工会和职工的监督。

安全生产监督管理部门和负有安全生产监督管理职责的有关部门应当对事故发生单位落实防范和整改措施的情况进行监督检查。

（3）事故处理的情况由负责事故调查的人民政府或者其授权的有关部门、机构向社会公布，依法应当保密的除外。

对事故单位提出安全整改要求和意见并监督实施，是十分重要的环节，强调针对性、时效性、提升性、引导性。

案例分析

<h1 style="text-align:center">某发电厂扩建工程施工平台坍塌特大事故</h1>

1. 事故发生过程详述

2016 年 11 月 24 日，在某省某发电厂三期扩建工程发生冷却塔施工平台坍塌特大事故，该事故造成 73 人死亡，2 人受伤，直接经济损失超过 1 亿元。事故发生时，木工班组 70 名工人在塔顶对第 50 节模板进行拆除，并开始进行第 53 节模板安装，3 名平台操作人员在平台值守，另有 19 人在冷却塔中央竖井及底板作业，7 时 33 分，冷却塔第 50～52 节混凝土从后期浇筑完成部位开始坍塌，塔顶呈环状坍塌，平台向东整体倒塌，导致 70 名木工和 3 名平台操作工人死亡，19 名塔底作业人员除 2 人轻伤外，全部生还。施工现场示意图如图 7-4 所示。

图 7-4 　施工现场三维示意图

2. 事故等级确定依据

根据事故等级分类标准，特别重大事故，是指造成 30 人以上死亡，或者 100 人以上重伤（包括急性工业中毒），或者 1 亿元以上直接经济损失的事故；因此该事故定性为特别重大事故。

3. 事故原因分析

根据事后调查报告显示，按国家强制性条文，拆除第 50 节模板时，第 51 节模板须达到 6MPa 以上，但实际第 51 节只有 0.29MPa。之所以强度不达标是因为施工进度加快，混凝土养护时间短；气温骤降，混凝土强度增长慢；在第 51 节模板内混凝土同条件养护试块尚未凝固，脱模困难的情况下，施工单位未采取有效措施，仍然违规拆模。

安全事故的处理
程序及要求

这起事故除了有施工单位的违规作业原因之外，也暴露出建设单位对工期未加以科学论证，项目安全质量监督管理不力，项目建设组织管理混乱等管理问题。

19 名塔底工作人员能够逃生，体现出了应急疏散演练和保持安全出口畅通的重要性。

知　识　拓　展

地震灾害防护
应急预案

发生坍塌事故的
预防及应急预案

火灾或爆炸事故
的预防及其
应急预案

施工现场安全
事故的主要
类型（一）

施工现场安全
事故的主要
类型（二）

危险源控制和
监控管理（一）

危险源控制和
监控管理（二）

危险源事故、
违章作业的
防范和处理

物体打击、坍塌

高处坠落事故的
预防及其应急
救援预案

思　考　题

1. 上述冷却塔坍塌事故对工人造成的伤害主要有哪些类型？
2. 安全生产"四不放过"原则是什么？
3. 《生产安全事故报告和调查处理条例》规定，特别重大事故的等级标准是什么？
4. 事故五要素指的是什么？其中产生事故的直接原因主要是什么？

学　习　鉴　定

一、填空题

1. 人的不安全行为指在施工作业中存在的_____、_____、违反劳动纪律以及其他可能引发和导致安全事故发生的行为。

2. 特别重大事故，是指造成_____死亡，或者_____重伤（包括急性工业中毒），或者 1 亿元以上直接经济损失的事故。

3. 救援预案分为三级，即_____、_____和_____。

4. "四不放过"原则，即_____，_____，整改措施未落实不放过，有关人员未受到教育不放过。

5. 安全生产监督管理部门和负有安全生产监督管理职责的有关部门逐级上报事故情况，每级上报的时间不得超过_____。

6. 生产经营单位应急预案分为综合应急预案、_____和_____。

7. _____、_____、_____、致害物和伤害方式是引发安全事故的五个基本因素，简称"事故五要素"。

8. 事故调查组应当自事故发生之日起_____内提交事故调查报告。

9. 事故调查组组长由负责事故调查的_____指定。

10. 事故发生后，事故现场有关人员应当向_____报告；单位负责人接到报告后，应当于_____向事故发生地县级以上人民政府安全生产监督管理部门和负有安全生产监督管理职责的有关部门报告。

二、判断题

1. 第二类危险源指可能发生意外释放的能量的载体或危险物质，如运动机械、爆破设备等。　　　　　　　　　　　　　　　　　　　　　　　　　　　　（　　）

2. 提交事故调查报告的期限可以适当延长，但延长的期限最长不超过 90 日。（　　）

3. 气温骤降，混凝土强度增长快。　　　　　　　　　　　　　　　　　（　　）

4. 未经事故调查组组长允许，事故调查组成员不得擅自发布有关事故的信息。
　　　　　　　　　　　　　　　　　　　　　　　　　　　　　　　　（　　）

5. 事故调查组成员应当具有事故调查所需要的知识和专长，并与所调查的事故有直接利害关系。　　　　　　　　　　　　　　　　　　　　　　　　　　（　　）

6. 物不安全状态指在施工场所和作业项目中存在事故的起因物和致害物，或能使起因物和致害物起作用的状态。　　　　　　　　　　　　　　　　　　　（　　）

7. 一般事故，是指造成 3 人以下死亡，或者 10 人以下重伤，或者 1000 万元以下直接经济损失的事故。   （   ）

8. 事故风险单一、危险性小的生产经营单位，可以只编制现场处置方案。 （   ）

9. 起因物指直接导致伤害发生的物体。   （   ）

项目 8　安全急救管理

学习目标

掌握施工现场安全急救基础知识，掌握心脏骤停急救知识，掌握常见创伤急救方法，熟悉常见意外伤害与急症处理方式。

案例引入

2022 年 12 月 10 日，在某工地，一名建筑工人手臂被割伤，工友用卫生纸为其堵伤口，伤口大出血，造成失血性休克，差点失去宝贵的生命。在施工现场掌握安全急救相关知识，关键时刻可以最大可能地挽救生命。

任务 8.1　现场安全急救基础知识

施工现场是一个存在潜在危险的环境，可能发生的意外事故往往涉及人身伤害和生命威胁。具备施工现场安全急救知识可以提高应急响应能力，可以迅速识别和评估紧急情况，并采取适当的措施控制危险、提供急救，直至专业急救人员到达现场，从而实现最大限度地减少伤害程度，有助于拯救生命。因此，施工现场安全急救知识的掌握是每个施工现场工作人员的责任和必备技能。

1. 什么是现场安全急救

现场安全急救是指现场人员因意外事故或者疾病发作，在未获得专业医疗救助之前，救助人员或者自己使用急救办法和技术进行现场初级急救，最大限度稳定伤病人员的伤、病情，减少并发症，维持伤病人员基本生命体征，为防止伤、病情恶化对伤病人员采取的一系列急救措施。

2. 现场安全急救的意义

在建筑施工过程中，工作人员存在疾病突然发作或者受到意外伤害的可能，在专业医护人员到达前，为其进行初步、及时、有效的现场急救，可以达到挽救生命、防止伤病恶化、争取到抢救生命时间的目的，对减少伤残和降低死亡意义重大。

3. 如何正确拨打 120 急救电话

120 急救电话是紧急医疗救援服务系统的组成部分之一，一旦遇到紧急情况需要立刻拨打，为被救者争取宝贵的抢救时间。

拨打 120 急救电话的四要素：

（1）讲清楚具体地址。一定要讲清楚准确、具体的地址，如区、路、街道、门牌号。如果不清楚具体地址，最好能讲清楚周边有什么明显标志的建筑物等，以便医护人员尽快找到。

（2）讲清楚呼救原因。要告诉接线员被救者发生了什么事情，目前的症状或者伤情，以便医护人员准备急救设备和药物。

（3）讲清楚联系电话。要告诉接线员呼救者电话，以便救援人员与呼救人员取得联系，第一时间找到患者，同时密切了解患者情况，必要时指导呼救者进行现场急救，为被救者赢得抢救机会。

（4）不要着急挂电话。一定要等接线员提示通话结束之后再挂电话。匆忙挂电话，可能错过一些重要信息，接线员再次联系呼救人员，又会消耗时间，耽误救援时间。

拨打 120 急救电话的注意事项：

（1）切勿惊慌，保持镇定。拨打 120 急救电话时，一定要冷静下来，才能头脑清醒、表达准确。当然，紧急情况下，慌张在所难免，如果紧张到无法表达时，可等对方询问，问什么答什么。

（2）讲话清楚，简练易懂。拨通 120 电话后，直奔主题，多余的话不说，为急救争取时间，讲话内容和顺序可按照上述拨打 120 电话四要素进行。

（3）不擅自搀扶或者搬运伤病人员。不当地搀扶和搬运伤病人员，存在对被救者造成二次伤害的风险，加重病情和影响救治。

（4）必要时派人去接救护车。如果事发地不好找，就需要派人在急救车必经的路面等待救护车，及时把救护人员带到现场。

（5）如果道路的过道比较狭窄或者被堆积物阻挡，应提前进行清理，以便急救通道畅通。

（6）记住两个"F"，即 First 和 Fast。First 即首先，一旦出现紧急伤病情况，需首先拨打 120 急救电话，请求专业医护人员帮助。Fast 即快，因创伤、溺水、气道阻塞等所致的心搏骤停，如果现场只有救助者 1 人的情况下，应先行进行心肺复苏（CPR）2 分钟，即胸外心脏按压 30 次，吹 2 口气，5 个循环后，再呼救急救中心。如果现场有多人在场，可以在救助者做心肺复苏的同时，其他人拨打 120 急救电话，如图 8-1 所示。

4. 急救的特点与原则

现场急救的目的是抢救生命、减轻伤残、稳定病情、提升救护成功率。

（1）现场急救的特点

1）伤病突发性

施工现场可能发生人们预料之外的突发疾病或者意外伤害，突发情况可能发生在个人，也可能发生在群体，有时是分散的，有时是集中的。在专业医护人员到来之前，要求现场施救者保持镇定，临危不乱，对伤病人员进行正确施救的同时寻求专业医护人员的帮助，为伤病人员赢得抢救时间和机会。

图 8-1 边施救边拨打 120 急救电话

2）病情、病因复杂

施工现场常见的伤害是高处坠落伤害、物体打击伤害、坍塌伤害、机械伤害、触电伤害等，伤员常伴有多个系统及器官受损，且可能发生心脏骤停。这就要求现场的施救者具备一定的急救技能，完成现场的急救任务。

3）资源有限，需就地取材

施工现场的急救通常是在缺医少药的情况下进行，没有齐备的抢救器材、药品和搬运工具。因此，需要现场施救者灵活、机动地在现场寻找替代用品，通过就地取材来获得相应的急救工具，比如用木板来代替夹板等，如图 8-2 所示。

4）情况紧急，需分秒必争

一旦伤病发生，现场急救就是与时间赛跑，与死神争抢生命。当心跳呼吸骤停超过 6 分钟，脑细胞就会发生不可逆的损伤，4 分钟内及时有效的心肺复苏，可有 50％的概率被救活，10 分钟后实施心肺复苏几乎没有救活的可能。

（2）急救的原则

1）安全第一原则。第一时间评估现场情况，最好确保施救者、被救者和其他现场人员生命安全的情况下开展急救。

图 8-2 木板代替夹板固定

2）无害原则。施救者最好具备一定的急救知识与技能，再对现场被救者进行救助，否则可能给被救者带来二次伤害。

3）寻求帮助原则。在遇到紧急情况后，一定要及时寻求更多人员的帮助，人多力量大。

4）生命支持原则。在现场的急救中，施救者可对被救者进行急救救助，如止血、心肺复苏、包扎等，为被救者赢得抢救时间。

5）争取时间原则。现场急救，往往需要争分夺秒，因此需要施救者保持冷静，有效利用时间，积极施救。

抢救过程中需要注意：

1）先抢后救。先救命后治伤。

2）先重后轻。先止血后包扎、先固定后搬运。

3）先处置后转运。先分类再运送。

5. 急救的步骤

（1）现场评估

现场评估时一定要牢记"安全第一原则"，在数秒钟内，通过眼耳鼻等对现场进行快速评估，迅速控制好情绪，迅速寻求帮助的同时开始急救。首先，确保施救者自身安全的情况下，迅速使被救者脱离危险场所，比如触电现场急救，必须先切断电源。其次，要注意引起受伤的原因，受伤人数以及是否仍有生命危险进行现场评估。识别伤病人员的伤、病情，清除伤病人员身上有碍急救的物品，如头盔、衣服等。

（2）初步检查被救者

面对被救者检查其意识，检查意识的方法是，在被救者耳边大喊并轻拍其肩膀："喂，你怎么了？"通过检查，判断其神志、气管、呼吸、脉搏等是否有问题，必要时立即对其进行现场急救，使被救者保持呼吸道通畅，并根据实际情况采取有效的止血、包扎伤口、骨折固定、防止休克、预防感染、止痛等急救措施，如图 8-3 所示。

（3）呼救、呼叫救护车

在现场施救的同时，应立即寻求他人帮助，并进行分工合作，请在场人员拨打 120 急

喂，你怎么了？

图 8-3　判断意识

救电话。

（4）再次检查伤病人员

在 120 急救车到来前，一直保持现场急救或者密切观察被救者情况。主要观察被救者生命体征，如呼吸、脉搏等。

检查被救者的呼吸方法：一看。观察胸腹部是否有起伏。若有起伏，则表示有呼吸。正常成年人的呼吸为 16～20 次/分钟，呼吸平稳、节奏一致。二听。若胸腹部无起伏，则需要将耳贴近被救者口鼻，听其是否有呼吸声。三触。将面颊贴近被救者口鼻，感觉其是否有呼吸形成的气流。也可以用手指放在被救者口鼻之间，探一探是否有呼吸。

注意：急救需要争分夺秒，检查被救者的呼吸需要在 5～10 秒内完成。如果被救者意识丧失、没有呼吸，需要立即进行人工呼吸。

检查被救者脉搏。正常成人在安静状态下，心跳频率为 60～100 次/分钟，跳动均匀有力。在急救现场，脉搏检查是非常简便、十分重要的观察被救者生命体征的方面。检查被救者的脉搏可以检查桡动脉脉搏和颈动脉脉搏。检查桡动脉脉搏的方法：用一只手的食指和中指轻轻放在被救者一只手的桡动脉处，然后稍用力点按，检查是否有脉搏，如图 8-4、图 8-5 所示。

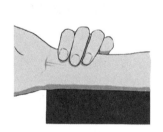

图 8-4　检查桡动脉

图 8-5　检查颈动脉

任务 8.2　心脏骤停急救

心脏骤停是一种危及生命的紧急情况，及时采取正确的急救措施可以挽救患者的生命，并减少脑损伤的发生。了解心脏骤停急救知识的人员能够迅速做出反应，提供必要的急救支持，为专业医疗人员的到来争取宝贵的时间。

1. 识别心脏骤停

心脏骤停是指心脏突然停止跳动，主要包含三个基本要素：

（1）突然意识丧失，即通过轻拍双肩，在患者耳边大声呼唤等方式，患者均没有反应。

（2）呼吸停止或无效呼吸，即仅有喘息样呼吸。

（3）颈动脉、股动脉等大动脉脉动消失。

2. 进行心脏复苏急救

心肺复苏（CPR）是指为恢复心搏骤停者的自主循环、呼吸和脑功能所采取的一系列急救措施，包括心肺复苏徒手操作、药物抢救以及相关仪器（如 AED）的使用等。

单人徒手心肺复苏七步骤：

（1）评估环境。施救者进行急救前应先观察整个现场环境情况，环境安全方可进入，并做好施救者自身防护，同时寻求周围人帮助。在接近被救者时，应尽量从其脚的方向靠近，使神志清醒的被救者有所精神准备。

（2）判断意识、呼吸。施救人员跪在被救者任意一侧，身体中轴线对准被救者肩部连线，距离被救者 10cm 左右，两腿分开与肩同宽，用轻拍重喊的方式呼喊："喂，你怎么了？"来判断被救者有无意识，用 5～10 秒通过观察其胸部有没有起伏来判断有无呼吸。

（3）立即拨打急救电话。如果发现被救者意识丧失、没有呼吸，立即指定专人拨打急救电话并协助急救，同时请人取 AED 帮助急救。如果现场只有施救者一人在场，可先进行心肺复苏 5 个循环，大约 2 分钟，再打急救电话（可利用手机免提功能，一边打电话，一边继续进行心肺复苏）。

（4）翻转体位。跪在患者身体一侧，将双上肢伸直，将远侧腿搭在近侧腿上；患者的头、颈、腰、髋几个部位必须在一条轴线上，避免身体扭曲、弯曲；一只手固定住被救者后脖子部位，另一只手在远端腋窝部位，用力将其整体翻动成仰卧位，患者的头不能高过胸部，不能在头下垫东西，如图 8-6 所示。

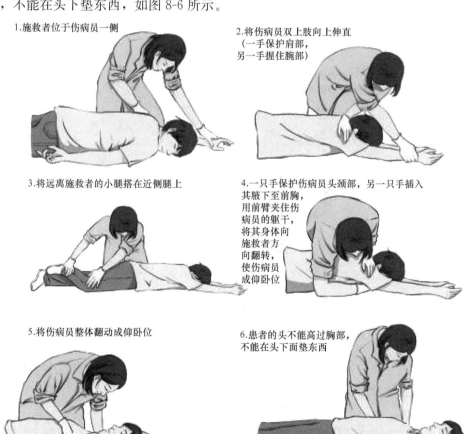

1.施救者位于伤病员一侧

2.将伤病员双上肢向上伸直
（一手保护肩部，
另一手握住腕部）

3.将远离施救者的小腿搭在近侧腿上

4.一只手保护伤病员头颈部，另一只手插入其腋下至前胸，用前臂夹住伤病员的躯干，将其身体向施救者方向翻转，使伤病员成仰卧位

5.将伤病员整体翻动成仰卧位

6.患者的头不能高过胸部，不能在头下面垫东西

图 8-6　翻转体位

（5）胸外按压（Circulation）。首先，施救者跪在被救者身体一侧，两膝分开，与肩同宽，且施救者的身体要正对着被救者的乳头部位。以施救者的髋关节为轴，利用上半身的体重和肩部、双臂的力量，垂直向下按压被救者的胸骨。切记，双手臂一定要保持伸直状态，在按压的时候，手臂一定要垂直于地面。其次，按压部位是被救者的胸骨下半部。将一只手掌根部放在两个乳头连线的中点，中指压在远侧的乳头上，另一只手重叠地放在上面，手掌根重合，十指交叉相扣，保证手掌的根部在胸骨正中的位置。在按压的过程中手掌根部不能离开胸壁，防止按压位置发生移动。垂直向下按压 30 次，成人按压深度为 5～6cm，或者胸壁厚度下陷 1/3，按压频率为 100～120 次/分钟。按压时确保胸壁完全回弹，否则回血血量减少，影响复苏效果，如图 8-7 所示。

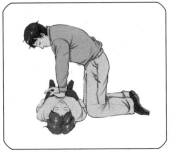

胸外按压

双手掌重叠，十指相扣，掌心上翘，手指离开胸壁。上身前倾，双臂伸直，垂直向下用力，有节奏地按压30次。

图 8-7　胸外按压

（6）开放气道（Airway）。开放气道使用"压额提颏"法。将一只手的小鱼际部位放在前额上，向下压，另一只手的食指和中指并拢，放在颏部的下颌骨下方，然后向上提，让其颏部和下颌部抬起来，头往后仰，同时耳垂与下颌角连线与被救者仰卧的平面垂直（也就是鼻孔朝天），如图 8-8 所示。

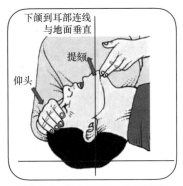

下颌到耳部连线与地面垂直

提颏

仰头

开放气道

左手放在患者额部，向下压；右手放在病人下颌处，向上抬。

清除患者口腔中的异物（如假牙等）

图 8-8　开放气道

（7）人工呼吸（Breathing）。打开气道后，用食指和中指捏住被救者双侧的鼻翼，并用施救者的嘴严密包绕被救者的嘴，向其肺里面连续吹气 2 次。每次吹完后，侧头换一下气，并松开捏着鼻翼的手指，然后再进行第 2 次吹气。每次吹气持续时间 1 秒，时间不能太长，也不能吹得太大，见到被救者胸部有明显起伏即可，否则很容易导致被救者胃部膨胀，压力增高，压迫肺，使肺部通气减少，还可能导致胃内物反流到口腔，导致气道堵塞。

通常，胸外心脏按压与口对口吹气有一个比例，通常为 30：2，即每做 30 次按压，就要做 2 次口对口吹气。这是一个循环，直到做到 AED 可以马上使用，或者急救人员接替。另外，5 个循环，约 2 分钟后，检查一次被救者的脉搏，如果有脉动，说明心跳恢

复，停止按压，如果没有恢复脉动，继续按
压，并在之后 5 分钟再次检查脉搏，如图
8-9 所示。

3. 注意事项

一般情况下，成人心肺复苏的顺序为
CAB，新生儿心肺复苏的顺序为 ABC。

院前急救不予心脏复苏的四种情况：

（1）创伤导致的心搏骤停，严重的器官
伤害（缺失、变形）；

（2）失血导致的心搏骤停，无有效止血
措施；

图 8-9　人工呼吸

（3）中枢性心搏骤停，关键病变不在心脏；

（4）终末期疾病，治疗措施无效或遗嘱不复苏者。

📢 **知识拓展：什么是AED?**

AED，即 Automated External Defibrillator 的缩写，就是自动体外除颤器，是
一种专门为非医务人员研制的急救设备，体积小、重量轻、便于携带、易操作、使
用安全。

使用 AED 可以及时消除室颤，让心脏的窦房结重新开始工作，继而使心跳
恢复。

AED 的使用方法：AED 自带电池，首先按下电源开关键，就会听到语音提
示，施救者按照语音提示进行简单操作即可。当然，不同厂家的产品使用方法不尽
相同，没有经过训练的施救者，按照语音操作都是没有问题的。在 AED 使用中关
键的问题是准确地将电极片贴到位置，才能获得好的效果。

在使用 AED 时需要注意的事项：

（1）使用前确认无人及金属接触患者；

（2）确认电极牢固地黏附在被救者皮肤上（去毛、净水），关注 AED 语音提
示音和屏幕信息；

（3）除颤前将易燃物搬离营救点（如氧气瓶等），以免引发火灾；

（4）有下列情况，不建议使用 AED：潮湿环境下；救助者身上有植入式起搏
器/除颤器；身上有药物贴片；胸毛太多（需要除掉胸毛后再使用 AED，否则容易
出现胸毛燃烧，烧伤皮肤）。

任务 8.3　创　伤　急　救

及时和正确地进行创伤急救可以阻止伤势的恶化，减少失血和器官损伤，并最大限度
地减少伤残、促进康复和功能恢复、挽救伤者的生命。

1. 创伤急救原则与流程

创伤急救的目的是争取在最佳时机和地点，因地制宜就地取材，尽最大努力救护伤员。

"先救命、后治疗"的急救原则，要求施救者尽量通过止住大出血、包扎伤口、清理呼吸道、保持呼吸道通畅等技能救护有可能救活的伤员，把救命放在第一位，治疗创伤交给专业医护人员。

对被救者头、胸、腹部的检查应当在 3 分钟内完成，并迅速采取相应急救措施。检查顺序：

（1）观察被救者头部是否有出血。

（2）双手贴头皮触摸检查是否有肿胀、凹陷或者出血。

（3）用手指从颅底沿着脊柱向下轻轻、快速地触摸，检查是否有肿胀或变形，检查时不可移动被救者。如果疑有颈椎损伤，应固定颈部。

（4）双手轻按双侧胸部，检查双侧呼吸活动是否对称、胸廓是否有变形或者异常活动。

（5）双手上下左右轻按腹部，检查腹部软硬，是否有明显包块、压痛。

（6）观察被救者是否有盆骨、下肢及脊柱损伤。

（7）检查血液循环，一旦颈动脉不能触及，立即进行心肺复苏。

初步检查后，施救者做出伤情判断，及时处置并掌握病情变化，如图 8-10 所示。

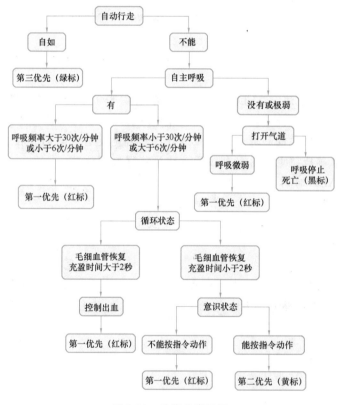

图 8-10　验伤分类法图

2. 外伤出血止血方法

（1）创伤出血分类

按出血血管的种类分三种：

1）动脉出血。血含氧量高、血液呈鲜红色，压力像喷泉，血柱有力，随心跳向外喷射。

2）静脉出血。血含氧量低、血液呈暗红色，血液流速慢、压力低，当大静脉损伤时血液也会涌出。

3）毛细血管出血。开始出血时出血速度较快，血液鲜红，但出血量一般不大。身体受到撞击可引起皮下毛细血管破裂，导致皮下瘀血。

按出血部位可分为两种：

1）外出血。血液从伤口流出，看得见。

2）内出血。体腔内出血，如颅腔、胸腔、腹腔内出血，外面看不见。

（2）失血量与症状

1）轻度失血。突然失血量占全身血容量20％以下，成人失血量达800mL时，可出现轻度休克症状。被救者口渴、面色苍白、出冷汗、脉搏快而弱，可达到每分钟100次以上。

2）中度失血。突然失血量占全身血容量20％～40％，成年人失血量达800～1600mL时，可出现中度休克症状。被救者呼吸急促、烦躁不安，脉搏可到达每分钟100次以上。

3）重度失血。突然失血量占全身血容量40％以上，成年人失血量达1600mL以上时，可出现重度休克症状。被救者表情淡漠、脉搏细、弱或者摸不到，血压测不清，随时可能危及生命。

（3）外伤出血止血方法

1）指压止血法

用拇指压住出血血管上端（近心端），以此压闭血管，阻断血流而止血。这种止血方法主要用于四肢大出血的急救。平时要经常练习并熟悉血管的走向，但压迫的时间不宜太长。压迫的手法与位置，如图8-11～图8-14所示。

图 8-11　指压枕动脉　　图 8-12　指压肱动脉　　图 8-13　指压桡、尺动脉　图 8-14　指压股动脉

2）加压包扎止血法

伤口小的出血，局部用生理盐水冲洗干净，盖上消毒纱布，用绷带较紧地包扎即可，如图8-15所示。包扎时松紧要合适，既能止血，又不阻碍肢体的血液循环。肢体要抬高，绷带从远端开始包扎，上下超过伤口二三横指。如果继续出血渗透了敷料，要再加敷料包扎。

3）填塞止血法

用消毒的棉垫、纱布等，直接填塞到伤口内，再用绷带、三角巾等包扎，松紧以达到止血为度。

4）屈曲关节止血法

在肘窝、腘窝处放纱布或棉垫，然后弯曲起来用绷带把肢体包扎住，如图8-16所示。

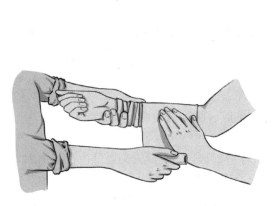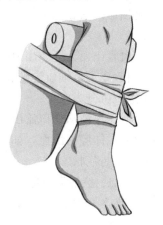

图 8-15　加压包扎止血法　　　　　图 8-16　腘窝弯曲起来
　　　　　　　　　　　　　　　　　　　　　用绷带止血的方法

5）止血带止血法

四肢较大血管出血，加压包扎不能有效止血时，可用止血带止血法。方法要领：止血带要缠在伤口上方，尽量靠近伤口；在扎止血带处裹上垫布，第一道止血带绕扎在衬垫上；第二道止血带压在第一道上，松紧以出血停止，远端摸不到脉搏为宜。注意事项如图8-17所示。

图 8-17　橡皮止血带止血法

（4）疑似内出血的判断与处理

内出血可由外伤引起，如骨折、物体撞击引起，也可以由非外伤引起，如胃溃疡出血等。重要器官因积血而受到压迫会危及生命，严重的内出血常导致失血性休克。如果被救者出现出血休克症状但在体表见不到血，应怀疑有严重的内出血。

1）可疑内出血的一般判断

① 被救者面色苍白，皮肤发绀；

② 口渴，手足湿冷，出冷汗；

③ 脉搏快而弱，呼吸急促；

④ 烦躁不安或者表情淡漠，甚至意识不清；

⑤ 发生过外伤或者相关疾病史；

⑥ 皮肤有撞击痕迹，局部有肿胀；

⑦ 体表未见到出血。

2）根据体表腔道出血的判断

有时内出血的症状与出血部位有关，最明显的是通过体表腔道，如耳道、鼻腔、口腔等流出鲜血或者带血的液体，往往预示着相关脏器的损伤或者疾病，见表 8-1。

体表腔道出血与内出血的关系

表 8-1

出血部位	出血症状	可疑内脏出血原因
口腔	咯出血呈鲜红色、带泡沫	肺及支气管出血
	呕吐出血呈红色或者暗红色	消化道出血
耳道	鲜红色血液	内、外耳道损伤或鼓膜穿孔
	稀薄血水	颅脑损伤、脑脊液外漏
鼻腔	鲜红色血液	鼻黏膜血管破裂
	稀薄血水	颅脑损伤、脑脊液外漏

3）可疑内出血急救措施

① 拨打急救电话。

② 被救者出现休克症状时，应立即采取救护休克伤员的措施。

③ 在救护车到来前，密切观察被救者的呼吸和脉搏，保持气道通畅。

④ 特别提示：不可给被救者饮食，以免影响手术麻醉。如口渴可湿润一下嘴唇。不要离开被救者，不要用热水袋或者其他加热用品给被救者热敷。出血应急救护流程如图 8-18 所示。

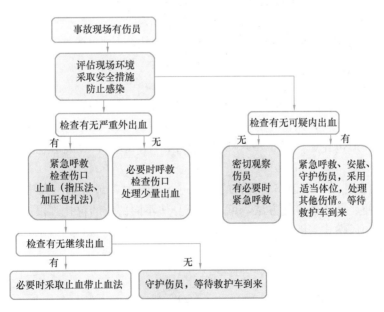

图 8-18 出血应急救护流程图

3. 包扎

在现场急救时应立即对开放性伤口进行妥善包扎。包扎的作用是保护伤口，减少出血，防止进一步污染，减少感染机会；减轻疼痛，预防休克；有利于转运和进一步治疗。

（1）伤口种类

1）割伤

刀、玻璃、器械等锋利物品将组织整齐切开，如伤及大血管，伤口会大量出血。

2）瘀伤

受物体打击或受物体压伤、钝器击伤，皮肤深层组织出血，伤处瘀血肿胀，皮肤表面青紫。

3）刺伤

被尖锐物品如钉子等扎伤，伤口小而深，易引起深层组织损伤。

4）挫裂伤

伤口表面参差不齐，血管撕裂出血，并粘附污物。

（2）包扎材料的选择

最常用的包扎材料有绷带、三角巾和四头带、创可贴、尼龙网套等。如果没有这些材料，也可用毛巾、衣服、领带等包扎伤口。

（3）包扎要求

1）尽可能戴医用手套做好自我防护；

2）包扎前，先将衣裤解开或剪开，充分暴露伤口；

3）敷料接触伤口的一面须保持干净或尽量减少污染；

4）动作要轻巧而迅速，部位要准确，伤口包扎要牢固，松紧适宜；

5）伤口上或周围不敷任何药粉或使用消毒剂；

6）较大伤口，不要用水冲洗（烧烫伤、化学伤除外）；

7）对骨折或关节损伤的伤员，包扎后应加用固定器材；

8）不要对嵌有异物或者骨折断端外露伤口直接包扎，不要试图复位突出伤口的骨折端；

9）如果必须裸露手进行伤口处理，处理完成后，用肥皂清洗双手。

（4）包扎方法

1）绷带包扎法：用绷带包扎时，应从远心（心脏）端向近心（心脏）端进行包扎；必须将绷带头压住（在开始包扎时多绕两圈），每圈重叠以 1/3 宽度为宜。一般常用的绷带包扎法有：环形包扎法（图 8-19），8 字包扎法（图 8-20），螺旋形包扎法（图 8-21）和螺旋反折包扎法等。

2）三角巾包扎法：对创伤面较大的伤口进行包扎时，最好用三角巾包扎，它是一种使用简单、方便、灵活的包扎方法，可适用于身体不同部位的包扎。根据具体情况，针对不同部位，可用风帽式（图 8-22）或头巾包扎法、面部的三角巾（图 8-23）包扎法、背部或胸部的包扎法和上肢的三角巾包扎法（图 8-24）。

图 8-19　环形包扎法　　图 8-20　肘关节绷带 8 字包扎法　　图 8-21　前臂绷带螺旋形包扎法

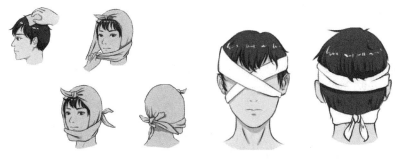

图 8-22　风帽式包扎法　　　　　图 8-23　双眼三角巾包扎法

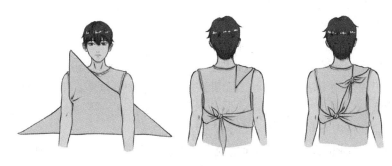

图 8-24　胸部三角巾包扎法

3）四头带包扎法：将四头带贴在盖好敷料的伤口上，然后将四个头分别拉向对侧打结，四头带包扎法特别适用于胸部外伤者。

4. 骨折固定

（1）骨折类型

1）闭合性骨折：骨折断端不与外界相通，骨折处的皮肤、黏膜完整。

2）开放性骨折：骨折局部皮肤、黏膜破裂损伤，骨折端与外界相通，易继发感染。

（2）骨折的程度

1）完全性骨折：骨的完整性和连续性全部破坏或中断。骨断裂成三块以上的碎块又称粉碎性骨折。

2）不完全性骨折：骨未完全断裂，仅部分骨质破裂，如裂缝、凹陷、青枝骨折。

3）嵌顿性骨折：断骨两端互相嵌在一起。

（3）骨折判断

1）疼痛：受伤处有明显的压痛点，移动时有剧痛，安静时疼痛减轻。根据疼痛的轻重和压痛点的位置，可以大体判断骨折的部位。无移位的骨折只有疼痛没有畸形，但局部有肿胀和血肿。

2）肿胀或者瘀斑：出血和骨折端的错位、重叠，都会使外表呈现肿胀现象，瘀斑严重。

3）功能障碍：原有的运动功能受到影响或者完全丧失。

4）畸形：骨折时肢体会发生畸形，呈现短缩、成角、旋转等。

5）血管、神经损伤的检查：上肢损伤时检查桡动脉是否有搏动，下肢损伤时检查足背动脉是否有搏动。触压伤员的手指或者脚趾，询问有无感觉，手指或脚趾能否自主活动。

5. 关节脱位与扭伤

关节脱位又称脱臼，是指组成关节的骨之间部分或者完全失去正常的对合关系。关节脱位常见于肩关节、肘关节、下颌关节和指关节，常合并韧带损伤，甚至出现关节软骨和滑膜损伤。

关节扭伤是指关节周围软组织（如关节囊、韧带、肌腱等）发生的过度牵拉、撕裂等损伤。关节扭伤多见于踝关节、膝关节和腕关节。

关节脱位和扭伤有时和骨折同时发生，受伤部位出现肿胀、疼痛、畸形、活动受限等，在现场不易区分。发生关节脱位和扭伤的救护方法如下：

（1）扶伤员坐下或者躺下，尽量舒适。

（2）不要随意搬动或者揉受伤的部位，以免加重损伤。

（3）用毛巾浸冷水或者冰袋冷敷肿胀处30分钟左右，可减轻肿胀。

（4）按骨折固定的方法固定伤处。在肿胀处可用厚布垫包裹，用绷带或者三角巾包扎固定时应尽量宽松。

（5）在可能的情况下垫高伤肢，以利于缓解肿胀。

（6）每隔10分钟检查一次伤肢远端的血液循环，若循环不好，应及时调整包扎。

（7）不要喂伤员饮食，以免影响可能需要的手术麻醉。

（8）尽快送伤员到医院检查治疗，必要时呼叫救护车。

6. 搬运

一般来说，如果救护现场环境安全，救护伤员尽量在现场进行，在救护车到来之前，为挽救生命，防止伤病恶化争取时间。只有在现场环境不安全，或者受局部环境条件限制，无法实施救护时，才可搬运伤员。搬运和护送伤员应根据伤员的情况，以及现场条件采取安全和恰当的措施。

（1）搬运护送伤员的目的

1）使伤员尽快脱离危险区；

2）改变伤员所处的环境，以利于抢救；

3）安全转送医院进一步治疗。

（2）搬运护送伤员的原则

1）搬运有利于伤员的安全和进一步救治；

2）搬运前应做必要的伤病处理，如止血、包扎、固定等；

3）根据伤员的情况和现场条件选择适当的搬运方法；

4）搬运前应当做必要的准备；

5）搬运护送过程中应保证伤员安全，防止发生第二次损伤；

6）一旦伤员病情变化，及时采取救护措施。

（3）搬运护送方法

常用的搬运方法有徒手搬运法和使用器械搬运法。徒手搬运法适用于伤病较轻，无骨折、转运路程较近的伤员；使用器材搬运法适用于伤病较重，不宜徒手搬运、转运路程较远的伤员。

1）徒手搬运法

常用的方法有搀扶法、抱持法、背负法、拖行法、爬行法等，如图 8-25～图 8-31 所示。

图 8-25　搀扶法　　　　图 8-26　抱持法　　　　图 8-27　背负法

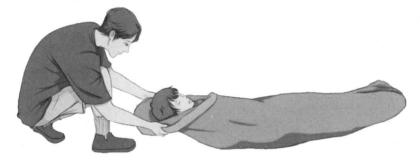

图 8-28　毛毯拖行法

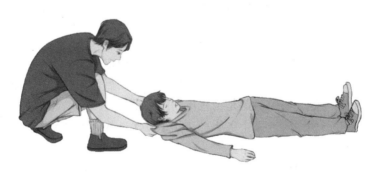

图 8-29　衣服拖行法

图 8-30　腋下拖行法

图 8-31　爬行法

2）使用器械搬运法

担架是运送伤员最常用的工具，担架的种类很多。一般情况下，对肢体骨折或者怀疑脊柱受伤的伤员都需要使用器材进行搬运，可使伤员安全，避免二次伤害。常用的器材担架有折叠铲式担架、脊柱板、帆布担架。在没有器材担架的情况下，可以用木板制作担架，也可以用床单、衣服等替代帆布担架。

任务 8.4　常见意外伤害与急症

在建筑施工过程中，常见的意外伤害有电击伤、烧烫伤、断肢、异物入眼等。如果急救及时，措施得当，能大大地减轻伤员的损伤程度，避免和降低伤后并发症和死亡率，为以后的治疗打下良好的基础。相反，急救不及时或错误的急救，可能会给以后的治疗带来很大的困难，甚至造成意想不到的严重后果。

1. 电击伤

（1）电击伤概述

电击伤是指电流通过人体引起的机体损伤和功能障碍。电流对人致命的伤害是引起心室颤动、心搏骤停、呼吸肌麻痹，其中心搏骤停是电击伤后伤者立即死亡的主要原因。因此及时、有效的心肺复苏、心脏除颤是抢救成功的关键。

雷击也是一种电击伤形式，其中电压可达几千万伏，强大的电流可使人的心跳、呼吸骤停并造成严重烧伤。

（2）电击伤分类

电流对人体的伤害主要为电流本身、电能转换为热或者光效应对人体造成的伤害。

1）电流伤（触电）

电流通过心脏，引起严重的心律失常，从而导致心脏无法排出血液，血液循环中断，心搏骤停。电流对延髓中枢的损害，造成中枢的抑制、麻痹，导致呼吸衰竭、呼吸停止。

2）电烧伤

多见于高压（1000V 以上）电器设备，烧伤程度因电压及接触部位不同而不等，轻者仅为皮肤的损伤，严重者损伤面积大，可深达肌肉、血管、神经、骨骼。

（3）电击伤症状

1）全身表现

轻者出现惊吓、发麻、心悸、头晕、乏力，一般可自行恢复。重者出现强直性肌肉收缩、昏迷、休克、心室颤动。低电压电流可以引起心室颤动导致心搏骤停；高压电流主要损害呼吸中枢，导致呼吸麻痹、呼吸停止。

2）局部表现

普通电压触电所致的烧伤。常见于电流进入点与流出点，创面小，直径为 0.5～2cm，呈椭圆形或圆形，呈焦黄色或者灰白色，干燥，边缘整齐，与健康皮肤分界清楚。一般不损伤内脏，致残率低。

高压电所致的烧伤。常有一处进口和多处出口，创面不大，但可深达肌肉、血管、神经甚至骨骼，有"口小底大，外浅内深"的特征，致残率高。高电压触电时应请专业人员处理。

（4）电击伤急救方法

1）立即切断电源，或用不导电物体（如干燥的木棍、竹棒或干布等物体）使伤员尽快脱离电源。急救者不要直接接触触电伤员，在确定伤员不带电和自身安全的情况下立即检查伤员全身情况，特别是呼吸、心跳。

2）立即呼救，指定协助者拨打 120 急救电话。

3）立即给心搏、呼吸骤停伤者进行心肺复苏，不要轻易放弃，直到专业医护人员到达现场。有条件者尽早使用 AED 进行心脏除颤。

4）伤者如烧伤、骨折等损伤需进行简易处理再送医院抢救。

5）所有电击伤者应该经医学鉴定。

2. 烧烫伤

烧烫伤是指各种热源（如火焰、沸水、蒸汽、热油、灼热金属等）、化学物质（强酸、强碱等）、电流及放射线等引起的机体组织灼伤。烧烫伤可引起细胞损伤、蛋白质凝固与溶解、局部组织焦化坏死。

烧伤的程度根据温度的高低、作业时间的长短，损伤的严重程度不同。烧烫伤不仅损伤皮肤、严重者可深达肌肉骨骼。烧烫伤达全身面积的 1/3 以上即为大面积烧烫伤，可以引起感染、休克甚至死亡。

（1）烧烫伤分类

1）Ⅰ度烧烫伤。可直观局部皮肤发红，轻度肿胀和疼痛。

2）Ⅱ度烧烫伤。分为浅Ⅱ度和深Ⅱ度烧烫伤。皮肤起泡，亦称Ⅱ度"泡"。

3）Ⅲ度烧伤，亦称Ⅲ度"焦"。烧烫伤贯穿皮肤全层，严重者甚至可达皮下、肌肉、骨骼等。

（2）烧烫伤急救原则和方法

1）原则：快。烧烫伤的后果严重，现场急救原则的关键就是快。由于是热导致的损伤，迅速降温是减少损伤的关键。

2）急救方法

① 降温。立即将烧烫伤部位在水龙头下冲洗，直到局部不红、不痛、不起水泡为止。自来水干净，有一定的压力，可以达到迅速降温和止痛的目的。

② 保护水泡。如果皮肤起了水泡，不要将水泡戳破，以免皮肤的完整性遭到破坏，失去防御细菌感染的功能。保护水泡的方法可以是在水泡外轻轻地罩上干净的塑料袋，保护水泡不被挤破，以便医生观察伤情。

（3）注意事项

1）不要将烧伤部位放在冰水中。放在冰水中，皮肤和血管会立即收缩，存留在血管里的热难以释放，反而会造成更大、更深的损伤。另外，如果将烧烫伤部分放在冰水中超过 20 分钟，局部还会被冻伤。

2）不要在烧烫伤处涂抹牙膏。牙膏涂抹于烧烫伤处虽然可以感觉到凉爽，但会阻碍散热，可能会导致烧烫伤程度加重，如Ⅰ度烧烫伤变Ⅱ度烧烫伤。另外，若Ⅱ度烧烫伤起泡时，牙膏干了，就会将水泡撕破，给后续治疗增添困难。

3）不要在烧烫伤处涂抹酱油、醋、碱面等。酱油、醋、碱面对治疗没有帮助，反而可能造成伤口破损处的感染，造成二次伤害。

3. 断肢急救

在建筑工地施工现场，如果遭遇外伤出现肢体断离，正确处理，保护好断肢，断肢在离体 6～8 小时内，断肢再植获得成功的概率较高。

图 8-32　断肢保存

（1）断肢急救方法

1）止血。一旦发生肢体断离，会有大量出血，要立即采取有效的止血措施，如压迫止血法、止血带止血法等。

2）包扎。等血止住后，进行伤口包扎。

3）处理断肢。如果现场有多人，可以在止血、包扎的同时处理断肢。处理断肢的方法：第一，用干净的纱布、毛巾或者软布将断肢包裹好，放在一个干净、干燥的塑料袋内；第二，再另外找一个带盖的容器（塑料袋也可），在里面放上冰块或者冰袋或者冰冻物品；第三，将断肢放入容器中，标好时间，将伤员立即送往有断肢再植条件的医院，如图 8-32 所示。

（2）断肢处理注意事项

1）断肢不可用水等液体进行冲洗。如果用水进行冲洗，断肢中的组织细胞会肿胀破裂，从而失去再植条件。

2）不能直接把断肢直接放入液体或者冰中保存。将断肢直接放入液体中会使断肢组织细胞受损，失去再植机会。将断肢直接放入冰中，会因温度过低，导致血管过度收缩，会使手术后血流恢复时间大大延长。另外，断肢在冰中时间一长会导致断肢坏死，失去再植机会。

4. 异物入眼

在建筑施工工地，如果遭遇异物入眼，千万不要用手揉。

（1）沙尘、飞虫入眼

1）不要闭眼，可频繁眨眼，让分泌的眼泪把沙尘、飞虫带走。

2）可以翻开眼皮查找，将干净手绢用清水浸湿，轻轻粘出沙尘、飞虫。

3）用干净的水冲洗，带走沙尘、飞虫。

（2）危险颗粒入眼

危险颗粒是指铁屑、瓷器、玻璃等。急救的原则是防止二次损伤，立即将伤员送往医院。

1）千万不要用手揉，否则极易造成二次损伤。

2）让伤员闭上眼睛，然后用干净的纱布包住进入异物的眼睛。

3）立即送伤员到医院或者拨打 120 急救电话。

（3）化学物品入眼

化学物品分为酸性和碱性两大类，化学物品一旦不慎溅到眼睛里，需要立即急救，否则会引发角膜损伤、坏死，甚至导致失明。

1）及时用清水冲洗。及时用清水处理是将眼睛损伤程度降到最低的重要措施。冲洗时，要将伤眼一侧朝下；冲洗过程中应不断眨眼；至少冲洗 30 分钟。如果没有冲洗就忙着送往医院，会导致眼睛损伤严重。

2）如果现场仅有一盆水，立即将伤眼浸入水中，并不停眨眼。

3）冲洗完毕后，立即送医院寻求专业医护人员诊治。同时带上化学物品或者将化学物品拍照，以便医生诊断。

（4）生石灰入眼

生石灰入眼千万不要用手揉，也不能直接用清水冲洗，因为生石灰遇水会产生碱性的熟石灰，同时释放出大量热量，容易烧伤眼睛。生石灰入眼正确的做法是：

1）用干净的手绢或者纱布将生石灰轻轻拭去，尽最大的努力清理干净。

2）尽量找到食用油，用食用油对伤眼进行冲洗，尽量去除生石灰。

3）生石灰冲洗完后，再使用流动的水反复冲洗眼睛，至少 20 分钟。

4）冲洗结束后，尽快送伤者到医院进行进一步的检查和治疗。

5. 中暑

中暑是指人体在高温环境下，水和电解质过多丢失、散热功能衰竭引起的以中枢神经系统和心血管系统功能障碍为主要表现的热损伤性疾病。

在建筑施工现场，户外高温环境下工作易发中暑。高温是发生中暑的根本原因。体内热量不断产生，散热困难；外界高温又作用于人体，体内热量越积越多，加之体温调节中枢发生障碍，身体无法调节，最后引起中暑。

（1）中暑症状

中暑根据轻重程度分为三级：先兆中暑、轻度中暑、重度中暑。

1）先兆中暑

高温高湿环境下出现多汗、口渴、乏力、头晕、头痛、眼花、耳鸣、恶心、胸闷、心悸、注意力不集中，体温正常或略高。

2）轻度中暑

先兆中暑加重，患者出现面色潮红或者苍白、烦躁不安或表情淡漠、恶心呕吐、全身疲乏、心悸、大汗、皮肤湿冷、脉搏细速、血压偏低、动作不协调等，体温升高到38.5℃左右。

3）重度中暑

按照严重程度可以分为热痉挛、热衰竭、热射病。

热痉挛是伴有疼痛的突发肌痉挛，最常影响小腿、手臂、腹部肌肉和背部。

热衰竭是由产热、出汗、体液和电解质丢失引起的。症状和体征可能突然出现，包括恶心、头晕、头痛、肌肉痉挛、感觉无力、疲劳和大量出汗。热衰竭是一种严重的疾病，如果病情得不到控制，可迅速发展为热射病，危及生命。

热射病包括热衰竭的所有症状再加上中枢神经系统症状，包括头晕、昏厥、精神错乱或四肢抽搐。

（2）应急救护方法

1）立即将患者转移到阴凉、通风或温度较低的环境，如空调房等。

2）口服淡盐水或含服清凉饮料，还可服用藿香正气水、十滴水、人丹等。

3）体温升高者，可采取冷敷、擦浴全身（除胸部）。不断按摩其四肢及躯干。用冰袋冷敷双侧腋下、颈部及腹股沟区等部位。

4）重症中暑。现场迅速将患者转移到通风良好的低温环境中，进行降温处理，尽快送往医院进行救治。

案例分析

某工程中毒窒息事故

1. 事故经过

某项目配套学校及幼儿园工程项目在人工挖孔桩施工过程中，1名工人进入桩内施工后因一氧化碳浓度超标中毒，地面上的2名工人未采取任何个人保护措施先后下井施救，3人都倒在井内，后3名工人全部被施救出井，已中毒窒息死亡。

2. 事故直接原因

3人均为一氧化碳浓度超标中毒，导致缺氧窒息死亡。

3. 事故间接原因

（1）施工单位没有组织对施工人员的安全生产教育，作业前的安全技术交底工作不到位，未按规定对基坑有毒有害气体进行检测和向井下连续送风的措施，造成一氧化碳浓度超标。

（2）施救人员遇险时自救互救能力不足，缺乏基本安全急救常识，没有采取保护措施救援。

（3）监理单位未履行工程监理责任，施工作业前未督促施工单位对有毒有害气体检测和向井下送风的设备，违章操作、强令冒险作业的行为未及时制止。

（4）建设单位未制定承包商安全管理制度，对施工单位安全管理人员资质、施工方案等没有进行严格的审核，对作业现场安全监管、检查不到位。

4. 事故教训

充分说明不少施工单位对于人工挖孔桩没有引起重视从中吸取事故教训，没有配备送风设备、防毒面具，没有对人工挖孔桩施工中可能出现的危险、可能出现的中毒事故，开展专项安全教育，没有对建设施工现场的工作人员进行相关安全急救知识的培训。

思 考 题

1. 班级分组进行急救实操的练习。
2. 在施工现场一旦发生人员安全事故，实施急救的原则是什么？
3. 说说电击伤急救方法。
4. 演示胸外按压的操作方法。

学 习 鉴 定

一、填空题

1. 现场急救的目的是抢救生命、＿＿＿＿＿＿＿、稳定病情、＿＿＿＿＿＿＿＿、提高生命质量。

2. 胸外心脏按压与口对口吹气有一个比例，为＿＿＿＿，即每做＿＿＿次按压，就要做＿＿＿次口对口吹气。这是一个循环，直到做到 AED 可以马上使用，或者急救人员接替。

3. 创伤急救的目的是争取在＿＿＿＿＿和＿＿＿＿，因地制宜就地取材，尽最大努力救护伤员。

4. 在现场急救时应立即对＿＿＿＿伤口进行妥善包扎。包扎的作用是保护伤口，减少出血，防止进一步污染，减少感染机会；减轻疼痛，预防休克；有利于转运和进一步治疗。

5. 常用的搬运方法有＿＿＿＿＿和＿＿＿＿＿。

二、判断题

1. 一旦伤病发生，现场急救就是与时间赛跑，与死神争抢生命。当伤者心跳呼吸骤停超过 6 分钟，脑细胞就会发生不可逆的损伤，4 分钟内及时、有效的心肺复苏，可有 50％的概率被救活，10 分钟后实施心肺复苏几乎没有救活的可能。（　　）

2. 心肺复苏（CPR）是指为恢复心搏骤停者的自主循环、呼吸和脑功能所采取的一系列急救措施，包括心肺复苏徒手操作、药物抢救以及相关仪器（如 AED）的使用等。
（　　）

3. 施工现场的受伤者疑有内出血，可以给其喂食。（　　）

4. 重要器官因积血而受到压迫会危及生命，严重的内出血常导致失血性休克。如果被救者出现出血休克症状但在体表见不到血，应怀疑有严重的内出血。（　　）

5. 可以对嵌有异物或者骨折断端外露伤口直接包扎，可以复位突出伤口的骨折端。
（　　）

6. 在建筑施工工地，如果遭遇异物入眼，可以用手揉。（　　）

项目9 新型建造技术施工安全管理

了解装配式建筑施工主要危险源，熟悉预制构件运输的安全措施、预制构件存放的安全措施；掌握吊装作业的安全控制措施、临边作业防护措施、高处作业防护措施；熟悉装配式建筑施工安全监督管理的相关内容；熟悉 BIM 技术在建筑施工安全管理中的应用。

2019 年 9 月 30 日，某装配式建筑有限公司生产车间内发生一起起重伤害事故，一名工人在使用桥式起重机作业过程中被坠落的钢制吊具砸中，当场死亡。

任务9.1 装配式建筑施工安全管理

1. 装配式建筑施工主要危险源

装配式建筑施工具有一定特殊性，如以吊装作业为主、高处作业多、临时支撑相对复杂，因此导致施工中的安全隐患相对较多，且危险性较大，如图 9-1 所示。

2. 装配式建筑施工安全控制措施

（1）预制构件运输的安全措施

由于装配式建筑的主要构件如柱、梁、楼板、楼梯、墙板等结构构件大部分均在 PC 构件厂进行预制，在其强度、刚度等基本性能达到设计或规范规定以后，将通过运输车辆运至施工现场，在对构件进行发货和吊装前，要事先和现场构件组装负责人确认发货计划书上是否记录有吊装工序、构件的到达时间、顺序和临时放置等内容。由于大部分预制构件的长度和宽度远大于厚度，正立放置其自身稳定性较差，因此应置带侧向护栏或其他固定措施的专用运输架对其进行运输，以适应运输时道路及施工现场不平整、颠簸情况下构件不发生倾覆的要求。

对于不同的构件，应采用不同的方式进行运输。外墙板、内墙板宜采用竖直立放运输，如图 9-2 所示；梁、楼板、阳台板、楼梯类水平构件宜采用平放运输，如图 9-3 所示，楼板、阳台板不宜超过 8 层，楼梯不宜超过 4 层；柱宜采用平放运输，采用立放运输时应有防止倾覆措施，如图 9-4 所示。装车和卸货时要小心谨慎；运输台架和车斗之间应放置缓冲材料；运输过程中为了防止构件发生摇晃或移动，应用钢丝或夹具对构件进行充分固定；应走运输计划中规定的道路，并在运输过程中安全驾驶，防止超速或急刹车现象。

图 9-1 装配式混凝土预制件安装施工危险源树状图

图 9-2 墙板运输

图 9-3 水平构件运输

（2）预制构件存放的安全措施

施工现场必须设置预制构件存放堆场，场地选择以塔式起重机能一次起吊到位为优，

图 9-4　柱运输

尽量避免在场地内二次倒运预制构件，构件堆放场地地基基础必须夯实，浇筑混凝土的强度和浇筑厚度应满足使用要求，浇筑成型的场地平整不积水，构件应按吊装和安装顺序分类存放于专用存放架上，防止构件发生倾覆；严禁在构件堆放场地外堆放构件；严禁将预制构件以不稳定状态放置于边坡上；严禁采用未加任何侧向支撑的方式放置预制墙板、楼梯等构件；且构件堆放区应用定型化防护栏杆围成一圈作为吊装区域，场外设置警示标牌，严禁无关人员入内，并对吊装作业工人进行书面交底，严禁吊装工人以非工作原因逗留、玩耍、休息于吊装区域内，如遇扰动等原因引起墙板倾覆，易造成人体挤压伤害。

预制构件现场布置原则主要有以下几个方面：（1）重型构件靠近起重机布置，中小型构件布置在重型构件外侧；（2）尽可能布置在起重半径的范围内，以免二次搬运；（3）构件布置地点应与吊装就位的布置相配合，尽量减少吊装时起重机的移动和变幅；（4）构件叠层时，应满足安装顺序要求，先吊装的底层构件在上，后吊装的上层构件在下，如图 9-5～图 9-8 所示。

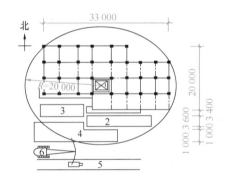

图 9-5　预制构件布置示意图

1—自升式塔式起重机；2—墙板堆放区；
3—楼板堆放区；4—柱、梁堆放区；
5—运输道路；6—履带式起重机

图 9-6　预制构件现场布置图

图 9-7　预制叠合楼板存放

图 9-8　预制剪力墙、楼梯存放

（3）吊装作业的安全控制措施

吊装作业是装配式混凝土结构施工中工作量最大、危险因素存在时间最长的工序。

吊装作业应遵守的安全控制措施主要有：

1）按照起重吊装的要求编制专项施工方案，并按照规定程序进行审批，吊装如果属于超危大工程，必须对方案进行专家论证。

2）起重吊装的作业人员、指挥人员必须持有特种作业人员资格证书。

3）安装作业前，应对作业人员进行安全技术交底，并对安装作业区进行围护做出明显的标识，拉警戒线，根据危险源级别安排旁站，加强现场安全管理。

4）在起吊前，应对施工作业使用的专用吊具、吊索、定型工具式支撑、支架等，进行安全验算，使用中进行定期、不定期检查，确保其处于安全状态。

5）调运预制构件时，构件下方严禁站人，应待预制构件降落至距地面 1m 以内方准作业人员靠近，就位固定后方可脱钩。

6）高空应通过引导绳改变预制构件方向，严禁高空直接用手扶预制构件，如图 9-9、图 9-10 所示。

图 9-9　吊装引导绳

7）遇到雨、雪、雾天气，或者风力大于五级时，不得进行吊装作业。

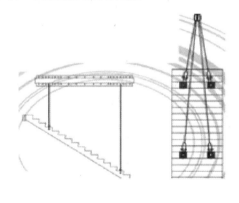

图 9-10　吊装平衡钢梁

（4）临边作业防护措施

对于装配式混凝土结构而言，为了凸显装配式建筑的特点——不搭设外架，于是高处作业及临边作业的安全隐患变得尤为突出，相关调查统计数据结果显示，在装配式建筑施工中，有 25％～30％的可能发生高处临边坠落风险。施工人员进行外挂板吊装时，安全绳索常常没有着力点无法系牢，增大了高处坠落的可能性，严重危及人身安全。为了防止登高作业事故和临边作业事故的发生，可在临边部位搭设定型化工具式防护栏杆，或采用外挂脚手架，其架体由三角形钢牛腿、水平操作钢平台及立面钢防护网组成，如图 9-11、图 9-12 所示。

图 9-11 临边部位设置定型化工具式防护装置（一）

图 9-12 临边部位设置定型化工具式防护装置（二）

（5）高处作业防护措施

攀登作业所使用的设施和用具结构构造应牢固可靠，使用梯子必须注意，单梯不得垫高使用，不得双人在梯子上作业，在通道处使用梯子应设置专人监控，安装外墙板使用梯子时，必须系好安全带，正确使用防坠器，如图 9-13 所示。

图 9-13 登高作业防护示意图

预制构件吊装就位后，工人到构件顶部的摘钩作业也往往属于高处作业。利用移动式升降平台开展摘钩作业，既方便又安全，如图 9-14 所示；当采用简易人字梯等工具进行登高摘钩作业时，应安排专人对梯子进行监护。

图 9-14 移动式升降平台

（6）洞口及通道防护措施

装配式建筑物孔洞及通道必须按规定进行防护，防止意外事故的发生，防护措施有：

1）对于板或墙上预留的洞口，必须设置牢固的盖板、防护栏杆、安全网或其他防坠落的防护装置。

2）电梯口应设不低于 1.5m 高的防护门和 18cm 高的挡脚板，孔内每隔 2 层且不大于10m 设一道水平安全网。

3）对于塔吊人行通道、楼梯上下通道、采光井等各类通道，各种临边及危险处均应设 1.2m 高的护身防护栏杆外，夜间还应设红灯示警。

4）装配式建筑与传统的现浇混凝土结构相比，存在的安全风险较多且危险性较大，建筑施工企业除了按照国家相关标准规范要求进行安全防护以外，还应加强环境保护、消防安全、安全教育、安全检查、危大工程安全管理及隐患整改等方面的工作，不断提高装配式建筑施工现场安全管理水平，消除施工现场的安全隐患，预防安全事故的发生。

3. 装配式建筑施工安全监督管理

装配式建筑施工的安全监督管理，其主要内容如下：

（1）明确企业职责，压实主体责任

1）建设单位安全责任。建设单位对建设工程装配式建筑施工安全工作负首要责任。装配式建筑建设全过程中，负责工程设计、预制构件生产制作、施工、监理等参建各方之间的综合协调，促进各方紧密协作；在项目施工过程中，应督促施工单位有效使用装配式建筑施工专项安全文明措施费用，严格落实装配式建筑施工安全各项措施，督促监理单位落实装配式建筑施工安全监理责任。

2）设计单位安全责任。设计单位对建设工程装配式建筑设计工作负主要责任。主要应当遵循"结构安全、经济合理、生产施工可行"的原则，按照法律、法规和工程建设强制性标准进行装配式建筑工程设计，充分考虑场内运输道路、构件堆码、单个构件最大重量、调运半径覆盖范围以及预留安全连接设计合理性等因素，防止因设计不合理导致生产安全事故的发生。

3）施工单位安全责任。施工总包单位对建设工程装配式建筑施工安全工作负总责，总包单位项目经理是施工现场施工安全工作的第一责任人，对施工安全工作实行统一协调管理；应根据装配式建筑的特点，建立健全安全保证体系，足额使用装配式建筑施工安全文明措施费用；应根据施工图设计文件和相关规范标准编制施工组织设计，制定安全专项施工方案，报监理单位审批；严格落实装配式建筑施工过程中总平面图规划、构件堆取、起重吊装、起重机械选型和临时支撑等安全管理措施。

4）监理单位安全责任。监理单位对建设工程装配式建筑施工安全工作负监理责任。监理单位应根据施工图设计文件和相关规范标准，结合装配式建筑的特点，编制监理规划和监理实施细则，经审批后实施；应审核施工单位的安全保证体系，审核预制构件安装专项施工方案，并跟踪检查、督促落实；发现装配式建筑施工存在安全隐患的，应责令整改；情况严重的，应责令停止施工；拒不整改或不停止施工的，应及时向建设单位和安全监督机构报告。

（2）强化施工现场管理，做好安全"五项工作"

1）制定专项施工方案。施工单位应编制装配式建筑专项施工方案；超过一定规模的，施工单位应当组织召开专家论证会对专项施工方案进行论证；在方案中应明确各级各岗位相关责任制和相应的考核机制，将目标责任分解到岗位和人员，应按照《建筑施工高处作业安全技术规范》JGJ 80—2016等图文并茂细化高处作业安全防护内容，提出项目装配式建筑施工安全具体措施。

2）开展专项教育培训。施工单位应对项目各级各岗位人员进行装配式建筑施工的教育培训，提高管理人员和作业人员的安全意识，促进相关人员主动落实装配式建筑施工各项安全责任措施。

3）强化施工方案交底。施工单位应严格按照项目装配式建筑专项施工方案要求，完善相应的交底程序，对施工过程中可能出现的施工安全重大风险源，应采取针对性较强的专项安全技术交底，切实降低施工安全风险。

4）加强隐患排查治理。施工单位应建立装配式建筑施工工作排查制度，定期对装配式建筑专项施工方案的实施情况进行检查；对排查发现存在一般安全隐患问题的，要立即进行整改，对存在较大安全隐患问题的，要立即停工整改，并制定专项整改方案，做到措施、责任、资金、时限和预案"五落实"，切实消除安全隐患。

5）实行监理报告制度。监理单位应定期或不定期将项目装配式建筑施工监理情况向建设单位报告，当发现项目存在重大安全风险和安全隐患时，应及时向安全监督机构报告。

（3）落实现场安全措施，执行施工"九条规定"

1）总平面图规划合理。施工总平面图应充分考虑部品部件在场内的运输、堆放和起重吊装等因素合理布置；场内运输道路应设置合理转弯半径、道路坡度、坚实平整并设置排水措施等；建筑起重机械工作回转半径应覆盖部品部件堆放场地，尽可能进行相应重量的一次性吊装，不进行转运或二次吊装。

2）堆放场地平整坚实。部品部件存放场地地基承载力应满足专项方案要求，如遇松软土、回填土等，应进行平整、夯实，并采取防水、排水和表面硬化措施；当堆场设置在地下室顶板上时，应对地下室结构进行验算；部品部件装卸、吊装工作范围内不应有障碍物，并应有满足部品部件周转使用的场地。

3）堆放存取顺序合理。部品部件运送到施工现场后，应按规格、品种、使用部位，特别是吊装顺序分别设置存放场地，存放场地应设置在起重设备的安全工作半径以内。

4）起重吊装重点管控。起重吊装作业工艺流程应与专项施工方案保持一致；起重吊装作业现场应设置警戒区域，项目经理、专职安全员等按规定实行旁站、巡查等工作。

5）起重机械选型合理。建筑起重机械选型参数（设备基础、起重力矩、工作半径等工作参数）应与专项施工方案保持一致；设备安全档案资料真实齐全、设备安全装置齐全有效、设备自身运行状态良好，防止"以旧代新""小马拉大车"等问题出现；吊索吊具应与选型一致并完好有效。

6）临时支撑可靠到位。临时支撑设置方式应与专项施工方案保持一致，应做好临时支撑验收工作并做好记录；临时支撑期间，应做好相应高处作业、交叉作业以及焊接、气割作业等施工作业安全措施；临时支撑拆除应按照规定严格实施。

7）高处作业防护到位。高处作业和临边作业防护设施应按照专项施工方案中的内容严格落实；应重点确保作业人员在作业点、移动过程中的安全，实施两侧、底部和端部全方位的安全防护方式和措施；临时上下采用垂直登高挂梯的，应有防坠措施；楼梯等预制构件安装完成后应及时设置临边防护措施。

8）作业人员持证上岗。施工单位要组织作业人员"三级教育"，严格实施方案交底和安全技术交底，并做好安全档案，高处作业、交叉作业等重点环节应具有良好的安全生产意识和自我保护意识；建筑起重机械司机、信号司索工等特种作业人员应持证上岗；电工、焊工等特种作业人员应持证上岗。

9）用电消防严格管理。施工现场应建立消防安全管理机构，制定消防管理制度，定期开展消防应急演练；严格实施现场动火审批管理制度，满足现场易燃易爆及危化品存放合规性，配备齐全消防器材；按照专业电气工程师编制的临时用电专项施工方案组织实施，落实"三级用电、两级保护"等制度。

任务 9.2　BIM 技术在建筑施工安全管理中的应用

1. BIM 技术概念

BIM，全称 Building Information Modeling，即：建筑信息模型。1986 年美国学者就提出了"Building Modeling"的基础概念，随后，BIM 概念被正式提出。BIM 的产生是科学技术发展的成果，它的发展需要三维数字设计和工程软件支持，两者共同构成了可视化的数字建筑模型。BIM 技术通常运用于工程设计、建筑、设备等，通过建立数字化建筑模型，可以将工程项目的信息进行整合，将工程项目的策划、运行及维护提供共享和传递。BIM 技术的产生让工程技术人员能够正确准确地把握工程项目的详细信息，为组成工程建设团队的各个单位提供沟通、协作基础，将 BIM 技术投入到工程项目中，不仅提高了工作效率，更能节约成本和缩短工期，优质保量完成工程的实施。

2. BIM 技术特点

（1）可视化

对于建筑施工项目而言，BIM 技术中的可视化特点，可以有效弥补二维 CAD 施工图纸中的缺陷，协助安全管理工作人员辨别项目从开始到竣工存在的各种风险源，并在未施工之前做出反馈，安全管理工作人员可以根据 BIM 技术反馈的信息数据制定相关预防措施，规避建筑项目在施工中出现的安全风险。

（2）动态化

BIM 技术数字信息具有高度的精确性，在应用中如果更改其中的某个元素参数，会导致其他关联参数都发生变化。当建筑施工项目在不同时间段进行施工时，BIM 技术可以结合施工现状定时对数据信息进行动态化更新，并将其上传到云端，促使安全管理工作人员可以直接通过数据信息，分析建筑施工项目出现的新安全隐患，并及时做出安全反应，从而对建筑施工项目实现动态化管理。

（3）协调性

建筑施工项目在开展的过程中，可能会出现各种协同项目同时开展的情况，导致不同项目之间的信息容易出现不相符合的情况，如果各个施工项目负责人没有对项目数据信息进行有效沟通，则会产生盲目施工现象，使得建筑施工项目中的安全问题无法得到及时解决。然而 BIM 技术可以让所有项目负责人，在同一个云端模型中进行施工信息互动，其中一个人发出项目建设信息指令，其他在云端模型中的施工负责人可以第一时间收到施工信息，并结合相关项目的实际情况做出反应，确保各个建筑施工项目信息沟通的有效性，在高效协调中排查建筑施工项目安全隐患。

（4）预算可控性

建筑施工项目中各个施工阶段的工程预算都可以在 BIM 模型中进行核算，以各个时期建筑项目需要投入的建设资金数量，分析相关建设构建物的关联参数，通过醒目色调进行提示，促使管理人员可以根据 BIM 数据反馈，分析资金投入使用的合理性，从而结合建筑单位对项目经济支出要求进行规范预算。

（5）模拟性

4D 或者 5D 模拟可以使施工项目的建设过程更加直观明了，BIM 技术可以直接对建筑施工项目的实际情况进行模拟展示，帮助安全管理人员系统分析建筑施工项目方案的合理性，并结合建设需求，有序安排建筑设备、建设材料、施工人员分配等各项工作，在施工中可以利用 BIM 三维模型，将其与无线监控数据相连，这样项目安全管理人员可以直接进行数字化现场监控，确保项目相关责任人都能及时了解到建筑项目的施工情况，并根据建筑项目施工进程分析后期施工步骤，最大限度降低建筑施工项目中的安全风险，确保相关项目有序实施。

3. BIM 技术在建筑施工安全管理中的应用

（1）合理场地布局

如果建筑施工项目在建设中，在场地布局中出现建筑物密集分布的现象，则会减少新建筑施工项目的预留空间，从而影响"三区"合理布局。为了高效利用建筑空间，对建筑施工场地进行合理布局，建筑施工安全管理人员可以利用 BIM 技术对建筑场地的红线范围进行测量，并将得出的空间数据建设成三维模型，协助建筑施工项目负责人结合三维模型的实际情况，系统分析建筑项目在施工场地占有的空间，并设置合理的建设计划，科学利用建筑场地资源，这样既能缩短建筑项目施工周期、减少经济付出成本，还能规避 CAD 平面图纸无法立体直观反映建筑物空间位置而产生的安全施工问题，提高建筑项目"三区"布局的合理性。

（2）可视化安全技术交底

过去建筑施工项目在安全技术交底中，通常采用 CAD 平面施工图纸和安全管理人员的口头讲述进行，这两种方式无法详细反映建筑施工项目的安全技术施工步骤，降低了施工工人的接受程度。当建筑施工项目在安全技术交底中应用 BIM 技术时，可以利用三维模型全面描述安全技术交底施工过程，以数据模型的方式直观立体呈现给施工人员，降低施工工人的理解难度，施工人员可以在安全技术交底中利用 BIM 技术对安全技术交底进行全方位观察，通过 4D 模拟动画进行观看学习，这种可视化特点可以将相关建筑施工项目的技术要求进行精准表述，帮助施工工人全面掌握施工技术要领，从而有效提高建筑施工项目安全管理质量。

（3）完善安全流程

利用 BIM 技术在施工现场建设平台，可以促使建筑施工项目的各个负责人通过建设平台，对建筑施工现场进行实时监管，在项目施工中产生的各种建设数据、表格等都可以通过 BIM 技术以文档的形式输出，形成完善的施工记录，规范建筑施工项目现场安全管理的操作流程，确保每个施工人员都可以各司其职，防止各个施工环节出现安全管理疏漏的情况。与此同时，建筑项目施工人员可以通过建设平台中的输出文件，对施工人员的工作情况进行考核，提升施工现场安全管理的精准化和规范化，保证建筑施工项目可以持续开展，避免传统建筑项目在施工中由于信息沟通不畅出现的安全隐患，协助施工项目安全管理人员在发现风险后，可以第一时间通过查看建设平台，分析问题出现的根源，及时对相关安全问题处理解决。

（4）划分危险区域

建筑项目在施工中，需要安全管理人员识别危险源，确保建筑施工项目的安全性。BIM 技术中的动态化特点可以有效满足这一需求，利用其中的可视化技术，结合项目施工现场的危险程度，对项目不同时期的施工过程进行划分管理，然后将建筑项目施工数据按照评价结果，以红、橙、黄、绿等四种颜色进行安全等级划分，帮助建筑施工项目人员明白危险区域的分布情况，从而在施工中对其进行加强管理，减少建筑施工项目出现安全事故的发生概率。与此同时，建筑项目安全管理人员可以随时查看 BIM 模型中展示的危险区域，结合数据信息分析现场的施工情况，系统总结施工中应注意的安全问题，从而结合实际情况及时调整施工现场出现的不规范操作，防止出现不安全施工行为。再者，安全管理人员在现场管理的过程中，可以将现场的实际情况利用 BIM 技术反馈给其他管理人员，这样其他管理人员可以直接观察现场施工情况，合力排查是否存在安全隐患，降低建筑施工项目出现安全问题的概率。

（5）人员定位与预警

对于建筑项目而言，施工现场危险源识别程度决定了建筑项目安全管理质量。建筑施工项目安全管理人员可以利用 BIM 技术对施工现场的危险源进行精准识别，并及时告知现场施工人员远离或者降低接触危险源的频率，规避建筑施工项目事故的发生次数。另外，安全管理人员可以通过 BIM 技术对施工现场的危险源进行划分识别，并将危险源明显的区域标注成红色区域，这些区域包含高坠、坍塌以及触电等危险区域。为了对施工人员进行准确定位，施工单位还可以将实时跟踪定位感应器设置到施工人员的安全帽中，这样安全管理人员可以直接通过 BIM 技术对施工人员的位置变动进行追踪，一旦发现施工人员靠近危险源的情况时，可以利用后台控制系统对相关施工人员发出警示，要求施工人员撤离危险区域，防止出现不安全的施工行为。

（6）BIM 数字化安全培训

对于 BIM 技术而言，安全管理人员可以借助 BIM 技术提供的各种数据信息，分析项目在施工中可能会存在的安全问题，并将这些问题汇总起来建设安全培训库，通过数字化培训的方式，给施工人员提供虚拟施工环境，对相关人员进行安全用电、施工技术以及大型机械使用方式进行培训，促使施工人员在虚拟施工环境学习的过程中，提升自身的安全施工意识，掌握建筑项目施工核心要领，强化安全培训质量，促使施工人员在今后施工中能够以规范的施工技术进行工作，提高施工人员施工行为的安全性。

综上所述，对于建筑施工项目而言，需要安全管理人员在项目施工的过程中，积极利用 BIM 技术加强建筑施工现场安全管理，结合 BIM 技术特点，将其应用到建筑施工安全管理的各个环节，合理场地布局、可视化安全技术交底、完善安全流程、划分危险区域、人员定位与预警、BIM 数字化安全培训等，全面保障建筑施工项目的安全性，规避建筑项目施工风险，促使建筑项目持续平稳开展。

案例分析

某装配式建筑有限公司吊具坠落伤人

2019 年 9 月 30 日下午，某装配式建筑有限公司的两位操作工为把前一天浇灌到钢制模具的混凝土预制件取出，两人按照生产流程取出固定混凝土预制件模具的两颗螺栓，并站在操作平台上固定钢制模具上用于起吊的两颗螺栓。张某负责操作桥式起重机将模具吊起准备脱模：先将钢制吊具通过两条钢链连接住模具，再将吊具通过左右两条钢丝绳挂在桥式起重机的吊钩上，然后站在操作平台一侧使用遥控器控制桥式起重机进行提升操作。张某刚把钢制楼梯模具吊离地面，连接桥式起重机挂钩与钢制吊具的其中一条钢丝绳突然断裂，导致钢制吊具失去平衡后坠落，砸中其头部并导致其从操作台上摔倒在地面，后经抢救无效死亡。

1. 直接原因

（1）在对混凝土预制件起吊过程中，连接钢制模具的一条钢丝绳突然断裂导致钢吊具坠落；

（2）操作工安全意识薄弱，对作业环境风险认识不足，违反起重机械安全操作规程。

2. 间接原因

装配式建筑有限公司未对连接钢丝绳及时进行日常检查、维护、更换，未对安全隐患问题进行及时排查，未制定车间作业安全生产规章制度和操作规程并严格督促落实，未有效落实生产区域内作业安全防护措施，未组织开展安全教育培训，未对生产区域内员工未佩戴安全帽等违章作业行为及时纠正。

3. 对事故责任的处理建议

某装配式建筑有限公司在日常管理中未及时对连接钢制模具的钢丝绳进行日常检查、维护、更换，未对安全隐患问题及时排查，未制定生产作业安全操作规程并严格督促落实，未有效落实生产区域内安全防护措施并且未有效组织开展安全教育培训，未对生产区域内员工未佩戴安全帽并将头部伸向钢制吊具下方的违章作业行为予以及时纠正，是该起事故的责任单位，建议由应急管理部门依法对其作出相应的行政处罚。

<h2 style="text-align:center">思 考 题</h2>

1. 吊装作业的安全控制措施包括哪些？
2. 临边作业防护措施包括哪些？
3. 高处作业防护措施包括哪些？
4. 装配式建筑施工的安全监督管理内容包括哪些？
5. 谈谈 BIM 技术在建筑施工安全管理中是如何应用的。

<h2 style="text-align:center">学 习 鉴 定</h2>

一、填空题

1. BIM 技术的产生让工程技术人员能够正确准确地把握工程项目的_____，为组成工程建设团队的各个单位提供沟通、协作基础。

2. 对于建筑施工项目而言，BIM 技术中的可视化特点，可以有效弥补二维 CAD 施工图纸中的缺陷，协助安全管理工作人员辨别项目从开始到竣工存在的各种_____。

3. 4D 或者 5D 模拟可以使施工项目的建设过程更加直观明了，BIM 技术可以直接对建筑施工项目的实际情况进行_____，帮助安全管理人员系统分析建筑施工项目方案的合理性。

4. 当建筑施工项目在安全技术交底中应用 BIM 技术时，可以利用_____全面描述安全技术交底施工过程，以数据模型的方式直观立体呈现给施工人员。

5. 利用 BIM 技术在施工现场建设平台，可以促使建筑施工项目的各个负责人通过建设平台，对建筑施工现场进行_____。

二、判断题

1. 可视化安全技术交底的特点可以将相关建筑施工项目的技术要求进行精准表述，帮助施工工人全面把握施工技术要领，从而有效提高建筑施工项目安全管理质量。（　　）

2. 装配式建筑的主要构件如柱、梁、楼板、楼梯、墙板等结构构件大部分均在施工现场进行预制。（　　）

3. 装配式建筑物孔洞及通道必须按规定进行防护，防止意外事故的发生。（　　）

项目 10　文明施工与绿色施工

 **学习目标**

　　掌握文明施工与绿色施工的概念；了解文明施工与绿色施工的重要意义；熟悉参建各方文明施工主体责任要求；掌握工程建设项目施工区、办公区和生活区文明施工与绿色施工要求。

 **案例引入**

　　2022年5月，某在建工地，施工现场未设置施工铭牌、未按规定设置封闭围栏；现场边坡无安全防护，危险部位安全警示标识标牌设置不到位；施工打孔作业期间，未做好防护措施造成泥浆漫溢至市政道路。经执法人员现场调查取证，情况属实，由于施工承建方拒不改正，影响恶劣，最终作出给予其10万元行政处罚的决定。

任务 10.1　文明施工与绿色施工基本知识

　　随着建筑业的不断发展和进步，需要具有现代化管理水平的企业与之相适应，施工现场管理的一项重要基础工作就是文明施工，文明施工重点体现了"以人为本"的思想，在施工现场安全标准化管理基础上，以安全生产为突破口、以质量为基础、以科技进步为重点，使施工现场纳入现代企业制度管理。此外，作为大量消耗资源、影响生态环境的建筑业，应根据因地制宜的原则，贯彻执行国家、行业和地方相关的技术经济政策，全面实施绿色施工，承担起可持续发展及生态保护的社会责任。

　　1. 文明施工与绿色施工相关概念

　　（1）文明施工：在从事建设工程的新建、扩建、改建和拆除等有关活动中，按照规定采取措施，保障施工现场作业环境、改善市容环境卫生和维护施工人员身体健康，并有效降低工程建设对周边环境及群众生活影响。

　　建设、施工、监理、设计等单位依法对工程施工现场文明施工负责，建设、施工、监理等单位应当建立健全人员教育、培训制度，定期开展施工现场文明施工工作培训。

　　（2）绿色施工：在保证质量、安全等基本要求的前提下，通过科学管理和技术进步，最大限度地节约资源，减少对环境负面影响，实现"四节一环保"（节能、节材、节水、节地和环境保护）的建筑工程施工活动。

　　2. 文明施工主体责任

　　（1）建设单位主体责任

　　1）承担文明施工首要责任，组织参建单位在工程建设全过程落实文明施工各项标准要求，按职责处理文明施工有关问题投诉。

安全文明工地
验收标准化

174

2）按规定及时支付安全文明施工措施费。

3）按合同约定由建设单位采购的材料、配件和设备，应符合质量要求。

4）不得指定由承包单位采购的材料、配件和设备，或者指定生产厂、供应商。

（2）施工单位主体责任

1）编制并实施文明施工专项方案。

2）按规定使用安全文明施工费，建立工作台账，确保专款专用。

3）配备充足的文明施工管理人员和日常维护保洁人员。

4）配备齐全工程项目涉及的文明施工设计图集、规范及相关标准，并严格按文明施工设计图集、规范及相关标准进行施工。

5）做好施工记录，实时记录施工过程文明施工管理的内容。

6）按规定及时处理文明施工有关问题投诉。按职责由建设单位牵头负责的，应配合建设单位积极开展相关工作。

7）按规定保障文明施工作业内容的质量安全，编制相应应急处置预案。

（3）监理单位主体责任

1）配备足够的监理人员，并到岗履职。

2）编制并实施包含文明施工内容的监理规划、监理实施细则。

3）对施工单位组织实施的文明施工内容进行审查，对重点部位、关键工序实施旁站监理，做好旁站记录。

（4）设计单位主体责任

1）按规定对围挡、大门等进行设计，在施工前向施工单位和监理单位作出详细说明，注明施工安全的重点部位和环节，并对防范安全事故提出指导意见。

2）按规定在设计文件中提出特殊情况下保障人员安全和预防生产安全事故的措施建议。

3. 绿色施工主体责任

（1）建设单位主体责任

1）在编制工程概算和招标文件时，应明确绿色施工的要求，并提供包括场地、环境、工期、资金等方面的条件保障。

2）应向施工单位提供建设工程绿色施工的设计文件、产品要求等相关资料，保证资料的真实性和完整性。

3）建立工程项目绿色施工的协调机制。

（2）设计单位主体责任

1）应按国家现行有关标准和建设单位的要求进行工程的绿色设计。

2）应协助、支持、配合施工单位做好建筑工程绿色施工的有关设计工作。

（3）监理单位主体责任

1）对建筑工程绿色施工承担监理责任。

2）审查绿色施工组织设计、绿色施工方案或绿色施工专项方案，并在实施过程中做好监督检查工作。

（4）施工单位主体责任

1）施工单位是建筑工程绿色施工的实施主体，应组织绿色施工的全面实施。

2）实行总承包管理的建设工程，总承包单位应对绿色施工负总责。

3）总承包单位应对专业承包单位的绿色施工实施管理，专业承包单位应对工程承包范围的绿色施工负责。

4）施工单位应建立以项目经理为第一责任人的绿色施工管理体系，制定绿色施工管理制度，负责绿色施工的组织实施，进行绿色施工教育培训，定期开展自检、联检和评价工作。

5）绿色施工组织设计、绿色施工方案或绿色施工专项方案编制前，应进行绿色施工影响因素分析，并据此制定实施对策和绿色施工评价方案。

6）强化技术管理，对绿色施工过程技术资料收集和归档。

7）根据绿色施工要求，对传统施工工艺进行改进。

8）建立不符合绿色施工要求的施工工艺、设备和材料的限制、淘汰等制度。

9）按照国家法律、法规的有关要求，制定施工现场环境保护和人员安全等突发事件的应急预案。

4. 文明施工检查项目分类

文明施工检查评定包括保证项目和一般项目两类。其中，保证项目应包括：现场围挡、封闭管理、施工场地、材料管理、现场办公与住宿、现场防火。一般项目应包括：综合治理、公示标牌、生活设施、社区服务。

5. 文明施工组织要求

（1）编制文明施工专项方案

1）项目要编制文明施工专项方案并完善审批。新开工项目应严格按照相关标准内容编制文明施工方案并完善审批；工程建设期内，相关标准有修订的，应按照新标准要求重新修订文明施工专项方案并完善审批。

2）建设工程参建各方要严格按照图纸和标准组织施工，按验收标准验收，确保不变通、不走样。

3）施工现场围挡、大门、外脚手架、临边防护、吊篮、塔吊搭设安装完毕以后，必须经建设工程参建各方验收合格且验收资料存档备查。

（2）施工现场维护保洁要求

施工单位应建立施工围挡、大门、防护立网、外脚手架、临边防护等临时设施的维护保洁制度，每天均应开展现场文明施工检查，发现有垃圾、杂物或脏乱情况等要及时清理，发现无法保持整洁的围挡等设施要及时更换；特种设备应由具备资质的人员定期进行维修保养，确保设备保持整洁美观；防护立网受到较大荷载冲击后，应及时进行检查，发现破损的应及时更换。

6. 绿色施工管理要求

绿色施工管理主要包括组织管理、规划管理、实施管理、评价管理和人员安全与健康管理五个方面。

（1）组织管理

1）建立绿色施工管理体系，并制定相应的管理制度与目标。

2）项目经理为绿色施工第一责任人，制定绿色施工管理制度，负责绿色施工的组织实施，进行绿色施工教育培训，定期开展自检、联检和评价工作。

（2）规划管理

主要是指编制绿色施工方案，方案应在施工组织设计中独立成章，并按有关规定进行审批，绿色施工方案应包括以下内容：

1）环境保护措施，制定环境管理计划及应急救援预案，采取有效措施，降低环境负荷，保护地下设施和文物等资源。

2）节材措施，在保证工程安全与质量的前提下，制定节材措施。如进行施工方案的节材优化，建筑垃圾减量化，尽量利用可循环材料等。

3）节水措施，根据工程所在地的水资源状况，制定节水措施。

4）节能措施，进行施工节能策划，确定目标，制定节能措施。

5）节地与施工用地保护措施，制定临时用地指标、施工总平面布置规划及临时用地节地措施等。

（3）实施管理

1）绿色施工应对整个施工过程实施动态管理，加强对施工策划、施工准备、材料采购、现场施工、工程验收等各阶段的管理和监督。

2）结合工程项目的特点，有针对性地对绿色施工做相应的宣传，通过宣传营造绿色施工的氛围。

3）定期对职工进行绿色施工知识培训，增强职工绿色施工意识。

（4）评价管理

1）对照相关指标体系，结合工程特点，对绿色施工的效果及采用的新技术、新设备、新材料与新工艺，进行自评估。

2）成立专家评估小组，对绿色施工方案、实施过程至项目竣工，进行综合评估。

（5）人员安全与健康管理

1）制定施工防尘、防毒、防辐射等职业危害的措施，保障施工人员的身体健康。

2）合理布置施工场地，保护生活及办公区不受施工活动的有害影响。施工现场建立卫生急救、保健防疫制度，在安全事故和疾病疫情出现时提供及时救助。

3）提供卫生、健康的工作与生活环境，加强对施工人员的住宿、膳食、饮用水等生活与环境卫生等管理，明显改善施工人员的生活条件。

7. 绿色施工评价

绿色施工应依据环境保护、节材与材料资源利用、节水与水资源利用、节能与能源利用和节地与土地资源保护五个要素进行评价；评价框架体系由评价阶段、评价要素、评价指标、评价等级构成。绿色施工评价阶段分为过程评价和最终评价；评价等级分为不合格、合格和优良。绿色施工评价要素由控制项、一般项、优选项三类评价指标组成。其中，控制项是指绿色施工过程中必须达到的基本要求条款；一般项是指绿色施工过程中根据实施情况进行评价，难度和要求适中的条款；优选项是指绿色施工过程中实施难度较大、要求较高的条款。

任务 10.2　施工区文明施工与绿色施工要求

1. 出入口、大门及围挡

（1）出入口及大门

施工现场出入口是从业人员和机械设备进出施工现场的重要通道（图 10-1），按照国家现行规范标准，结合项目所在地地方政策和标准规范，其设置要求（参考）如下：

1）出入口应按照施工现场总平面图进行设置，不得随意增加出入口，也不得在围挡上随意改造设置临时出入口；入口人行道与车行道应分开设置。

2）施工车辆出入口应保持常闭，只能在车辆通过时方可开启；车行出入口，应于醒目位置标明项目名称和参建企业名称，做到清晰、整洁和美观，设置伸缩电动门或防锈铁门；车行道尽量做成双车道，净宽≥7m，受限时可采用 4m 宽单车道。

3）人行入口应有人脸识别或打卡进出的门禁系统。

① 施工现场进出口应设置大门，并应设置门卫值班室；应建立门卫值守管理制度，并应配备门卫值守人员；门卫室应 24 小时有门卫值班；门卫室里应有车辆通行记录表及来访人员登记表。

② 施工人员进入施工现场应佩戴工作卡。

4）出入口内外应安装视频监控设备，重点拍摄车辆、人员进出场情况及车辆冲洗、冒装、洒漏、带泥上路等情况。

5）出入口及大门体现企业文化等内容，可委托设计单位进行设计，并取得项目监管部门认可；出入口及大门饰面应统一采用石材、铝塑板、涂料或清水砖墙，并与围挡等环境协调，不得采用广告喷绘布饰面。

6）施工现场车辆进出口应设置自动冲洗设施，配备高压冲洗设施，并增设人工辅助冲洗；设置沉砂井、排水沟。易产生扬尘的施工现场，还应设置洗车槽，洗车槽连接三级沉淀池，槽内用水应及时更换，并及时清运沉渣。严禁将未经处理的冲洗污水直接排入雨水管网和周边水体。

图 10-1　施工现场出入口

7）新建出入口及大门样式可从《建设工程施工现场围挡及大门标准图集（2020版）》（下简称《标准图集》）中选用；选用其他高于《标准图集》的出入口及大门样式，必须由设计单位进行设计，且取得项目监管部门认可，如图10-2、图10-3所示。

图 10-2　砖砌结构大门（Ⅰ-Ⅱ型）

图 10-3　装配式结构大门（Ⅲ-Ⅷ型）

（2）施工围挡

施工围挡是指在城市建筑工地外围设置的围蔽遮挡物，主要起美化、整洁、统一的作用，围挡表面一般张贴项目效果图和宣传画，或用于城市公益广告。一般情况下，施工围挡按照以下标准设置：

1）市区主要路段的工地应设置高度不低于2.5m的封闭围挡；一般路段的工地应设置高度不低于1.8m的封闭围挡。

2）围挡应坚固、稳定、整洁、美观，沿工地四周连续设置。

3）围挡材料、高度、样式不得低于当地主管部门的相关要求。新开工项目施工围挡应从《标准图集》中选取样式。其中，旅游景点、商圈、重要道路两侧工程应选用高大围挡（3.6m或5m）；其他区域采用普通围挡（2.5m）；工期短于3个月的项目，高度可降至2m，如图10-4所示。

图 10-4　装配式施工围挡（Ⅰ-Ⅴ型）

2. 公示标牌

施工现场公示标牌是指设置在施工现场恰当位置，用于公示现场参建主体工作职责、明确周边环境信息、强化安全管理、落实文明施工要求的标示标牌。施工现场公示标牌可以对施工现场作业人员能起到警示作用，提高施工人员的安全意识，公开施工现场各方主体责任，更便于接受社会监督。公示牌上的各方责任人主体一旦进行公示，不能随意变更。其设置要求如下：

（1）出入口醒目位置必须悬挂"七牌二图"，即工程概况牌、管理人员名单及监督电话牌、现场出入制度牌、安全生产牌、消防保卫牌、文明施工和环境保护牌、农民工维权告示牌和施工现场总平面图、建筑物效果图，如图10-5所示。危大工程公示牌如图10-6所示。

（2）标牌应规范、整齐、统一。

3. 施工场地及设施

（1）施工总平面布置、临时设施的布局设计及材料选用应科学合理，节约能源临时用电设备及器具应选用节能型产品施工现场宜利用新能源和可再生资源；土方施工应优化施工方案，减少土方开挖和回填量。

工程概况牌

工程名称			
施工许可证号			
建筑面积	万m²（单栋）	工程造价	
结构类型	钢结构/土建	层　数	层
开工日期	年 月 日	竣工日期	年 月 日
建设单位			
设计单位			
质量监督			
安全监督			
施工单位			
监理单位			
质量目标			
安全目标			

管理人员名单及监督电话牌

建设单位		施工单位		
工程名称		建筑面积		
总造价		层　数		
企业经理		技术负责人		
项目经理		施工员		
质检员		安全员		
资料员				
监督电话				
文明施工领导小组	组长		副组长	
	成员			
消防领导小组	组长			
	副组长			
	成员			

现场出入管理制度牌

一、出入口保卫制度

1. 现场作业人员必须佩戴工作卡，凭卡出入工作现场；

2. 保安员必须坚守岗位，尽职尽责，认真检查员工出入证，禁止闲杂人员随便进入工地；

3. 携带材料和工具出工地时，必须出具项目负责人批准的材料、工具清单；

4. 与项目有关的供应商工作人员及车辆进入现场时，必须接受保安员检查登记；

5. 谢绝未经邀请的单位、个人到施工现场参观，与工程无关的车辆禁止在现场停放；

6. 工作人员必须明确岗位责任，严格遵守安全操作规定，不准违章作业和擅离职守，安全负责人应在班前班后进行安全检查，及时发现和排除隐患，认真填写值班记录。

安全生产牌

一、贯彻执行国家和地方有关安全生产的法律、法规各项安全管理规章制度。

二、建立健全各级生产管理人员与一线工人的安全生产责任制。

三、坚持特殊工种持证上岗，对特殊工种按规定进行体验、培训、考核，签发作业合格证；未经培训的作业人员一律不准上岗作业。

四、定期对职工进行安全教育，新工人入场后要进行"三级"安全教育。新进场工人、调换工种工人未经安全教育考试，不准进场作业。

五、安全网、安全带、安全帽必须有材质证明，使用半年以上的安全网、安全带必须检验后方可使用。

六、施工用电符合安全操作规程。

七、对采取新工艺、特殊结构的工程，都必须先进行操作方法和安全教育，才能上岗操作。

八、坚持各级领导、生产技术负责人安全值班制度，每班必须有安全值班员。

图 10-5　施工现场"七牌二图"图示（一）

消防保卫牌	文明施工和环境保护牌
一、施工现场进出口应设门卫，建立门卫制度，昼夜值班，并做好来访记录。 二、施工现场内外消防通道和道路应保证畅通，工地应按消防要求配置有效的消防设施及器材。 三、动用明火必须有审批手续并有安全监管人员，必要时应采取隔离措施。 四、在建工程不能兼作住宿，工地内不准安排外来人员居住。 五、禁止擅自使用非生产性电热器具。 六、制定安全治安保卫措施，严防盗窃、破坏和火灾事故发生。	一、施工现场各级管理人员必须遵守各项管理制度，做到场内整齐、卫生、安全、防火道路畅通。 二、按施工组织设计平面布置图布置材料和机具设备，设置建筑垃圾堆场，不得乱扔材料及杂物，及时清理零散物料及建筑垃圾。 三、临时占用道路必须到相关部门办理相关手续。 四、施工现场要做到道路平整、排水渠畅通，按施工组织设计平面布置图布置电路，给水排水线路，做到水管不漏水，电线不漏电。 五、现场应设有男、女厕所，排污、排便等设施。 六、严禁在工地内进行吸毒、嫖娼、赌博、斗殴、盗窃等"七害"活动，违者交公安机关处理。 七、夜间施工必须通过主管部门批准并公开告示，取得社会谅解方可施工。

农 民 工 维 权 告 示 牌（模板）

农民工维权注意事项	项目名称			公示栏
1．在入场施工前要与用人单位（总承包或分包企业）签订劳动合同，用人单位不签订劳动合同的直接向劳动保障监察或行业主管部门投诉。 2．要及时向企业提供银行卡号等信息，便于企业每月发放工资。 3．要配合企业向农民工实名制管理平台录入相关信息，实行现场签到。 4．企业当月未按时发放工资的要立即联系承建单位劳资负责人，如果连续2个月以上未按时发放工资的，要立即向劳动保障监察部门或行业主管部门投诉。 5．发生欠工资且已有欠条等相关证明欠款证据的可向人民法院申请支付令。对相关法律不明白的可拨打公共法律服务热线。	项目地址			工资支付公示（按月支付）
	建设单位	项目负责人		
		联系电话		
	承建单位 （总承包）	项目负责人		相关制度公示
		联系电话		
		劳资负责人		
		联系电话		
企业施工注意事项 1．开工前及时缴纳农民工工资保证金，开设农民工工资专户、缴纳工伤保险。 2．必须实行按月支付工资，要与农民工签订劳动合同，编制农民工用工管理台账和工资支付台账，保存年限为三年。 3．工程项目发放工资实行银行代发。分包企业必须按月向总承包企业提供农民工工资表，由总承包企业通过农民工工资专户发工资。 4．购买工伤保险后，在用工前及时向当地社会保险管理机构报送人员花名册，增加或减少的人员及时对更新。 5．政府投资工程项目未按时拨付工程款的及时向工信（商工）部门反映，社会投资项目未按时拨付工程款的及时向行业主管部门反映。	分包单位	项目负责人		
		联系电话		
		劳资负责人		
		联系电话		
	行业主管部门投诉电话	劳动保障监察（劳动仲裁）投诉咨询电话		
	法律援助咨询电话	公共法律服务热线		202×年最低工资标准
	工信（商工）部门投诉电话	项目开工日期		项目工期

图 10-5 施工现场"七牌二图"图示（二）

（2）施工现场的主要道路应进行硬化处理；宜利用拟建道路路基作为临时道路路基；临时设施应充分利用既有建筑物、构筑物和设施，如图 10-7、图 10-8 所示。

图 10-6　危大工程公示牌图示

图 10-7　现场安全通道

图 10-8　部分施工现场防护棚

（3）城镇、旅游景点、重点文物保护区及人口密集区的施工现场应使用清洁能源。

（4）搭设在塔吊回转半径范围内的安全通道、钢筋加工棚以及施工电梯防护棚等必须设置双层硬质防护。

（5）临建设施进场安装前，应进行维护保养、除锈、涂装，确保外观整洁；临建设施端头需设置安全警示标识牌和安全宣传标语，周围地面需硬化。

（6）施工现场应配备常用药及绷带、止血带、担架等急救器材。

（7）拆除工程完成后，应将现场清理干净；裸露的场地和堆放的土方应采取覆盖、硬化或绿化等措施；对临时占用的场地应及时腾退并恢复原貌。

4. 环境保护

（1）水污染控制

1）项目开工前，施工单位应根据现场条件，明确污水排放方式或清运方式，设置污水临时存放、排放设施。

2）污水需排入市政污水管网的，建设单位应向排水主管部门申领排水许可证。禁止将污水排入雨水管网和周边水体。

3）施工现场应保护地下水资源，采取施工降水时应执行国家及当地有关水资源保护的规定，并应综合利用抽排出的地下水。废弃的降水井应及时回填，并应封闭井口，防止污染地下水。

4）施工现场作业区应设置生产污水排水管（沟）和集水井，车辆进出口应设置三级沉淀池等，沉淀池中积存的污泥应定期清理。

（2）空气污染控制

1）施工现场主要道路应进行硬化处理；裸露场地和堆放土方应采取覆盖、固化或绿化等措施；土方作业应采取防止扬尘措施，主要道路应定期清扫、洒水。

2）为了防止车辆在运输过程中造成遗撒，防止车轮等部位将泥沙带出施工现场，造成扬尘污染，土方和建筑垃圾的运输必须采用封闭式运输车辆或采取覆盖措施。施工现场出口处应设置车辆冲洗设施，并应对驶出车辆进行清洗。

3）在规定区域内的施工现场应使用预拌混凝土及预拌砂浆；采用现场搅拌混凝土或砂浆的场所应采取封闭、降尘、降噪措施；水泥和其他易飞扬的细颗粒建筑材料应密闭存放或采取覆盖等措施。

4）施工现场的机械设备、车辆的尾气排放应符合国家环保排放标准。

5）当环境空气质量指数达到中度及以上污染时，施工现场应增加洒水频次，加强覆盖措施，减少易造成大气污染的施工作业。

6）当市政道路施工进行铣刨、切割等作业时，应采取有效防扬尘措施；灰土和无机料应采用预拌进场，碾压过程中应洒水降尘。

7）施工现场严禁焚烧各类废弃物，以防引发火灾，并减少有毒有害气体造成环境污染。

8）拆除建筑物或构筑物时，应采用隔离、洒水等降噪、降尘措施，并应及时清理废弃物。

施工现场应严格落实封闭施工、地坪硬化、车辆冲洗、砂浆搅拌、烟气控制、尘源防控、高空垃圾、运输管理、湿法作业、智能监控等扬尘污染防治十项措施，特别是要落实易产生扬尘施工环节的湿法作业，裸露地面和临时堆放的土方等，及时用防尘网等进行覆盖，以减少扬尘带来的环境影响，如图 10-9、图 10-10 所示。

图 10-9　施工现场硬化道路

图 10-10　施工现场扬尘控制措施

（3）噪声控制

1）施工现场场界噪声排放应符合现行国家标准《建筑施工场界环境噪声排放标准》GB 12523—2011 的相关要求。施工现场应对场界噪声排放进行监测、记录和控制，并应采取降低噪声的措施。

2）在噪声敏感建筑物集中区域内进行施工作业的，施工单位应在现场醒目位置公示项目名称、建设内容、建设时间、参建各方及负责人信息、可能产生的噪声污染和采取的防治措施等。

3）施工单位应合理安排噪声污染源，特别是强噪声机械的位置，并通过设置隔音棚、错时施工等措施，减少对附近环境的影响；施工现场车辆严禁鸣笛，装卸材料时不得抛掷。因生产工艺要求或其他特殊需要，确需进行夜间施工的，施工单位应加强噪声控制，并应减少人为噪声。

4）除抢修、抢险作业外，禁止高考、中考前 15 日内以及高考、中考期间，在噪声敏感建筑物集中区域进行排放噪声污染的夜间施工作业；禁止高考、中考期间在考场周围100m 区域内进行产生环境噪声污染的施工作业，如图 10-11 所示。

（4）固废控制

1）施工现场应设置封闭式建筑垃圾站；施工现场建筑材料及垃圾应集中、分类堆放，

图 10-11　施工降噪

严密遮盖，及时清运；生活垃圾设置专用容器存放，每日清运。

2）建筑物内垃圾应采用容器或搭设专用封闭式垃圾道的方式清运，建筑垃圾应装袋运输或设置密闭垂直运输通道，不得高空抛撒，做到"工完场清"。

3）施工现场应对可回收再利用物资及时分拣、回收、再利用；拆除工程的各类拆除物料应分类，宜回收再生利用；废弃物应及时清运出场。

4）施工现场的危险废弃物应按国家有关规定处理，严禁填埋；场内严禁随意丢弃和焚烧各类废弃物。

5）建筑垃圾的运输和处置应选用城市管理部门核准的运输企业和车辆进行外运、处置，不得超载和冒装出场，如图 10-12、图 10-13 所示。

图 10-12　建筑垃圾垂直清运

（5）光污染控制

施工现场应对强光作业和照明灯具采取遮挡措施，减少对周边居民和环境的影响；电气焊等作业应采取防光污染和防火等措施，如图 10-14 所示。

图 10-13　建筑垃圾清运车辆

图 10-14　遮光罩

5. 材料器具选择及堆放

施工材料选用应科学合理，节约能源。临时用电设备及器具应选用节能型产品；施工现场宜利用新能源和可再生资源；施工现场周转材料宜选择金属、化学合成材料等可回收再利用产品代替，并应加强保养维护，提高周转率；施工现场应合理安排材料进场计划，减少二次搬运，并应实行限额领料。

（1）建筑材料、构件、料具应按总平面布局进行码放；材料应码放整齐，并应标明名称、规格等；施工现场材料码放应采取防火、防锈蚀、防雨等措施；进入施工现场的车辆严禁鸣笛；装卸材料应轻拿轻放，如图 10-15 所示。

（2）易燃易爆危险品库房应使用不燃材料搭建，面积不应超过 200m²。

（3）施工现场存放的油料和化学溶剂等物品应设置专用库房，地面应进行防渗漏处理；易燃易爆物品应分类储藏在专用库房内，并应制定防火措施，如图 10-16 所示。

（4）施工现场周转材料宜选择金属、化学合成材料等可回收再利用产品代替，并应加强保养维护，提高周转率；施工现场应合理安排材料进场计划，减少二次搬运，并应实行限额领料；施工现场生产生活用水、用电等资源能源的消耗应实行计量管理。

图 10-15 施工现场材料堆码

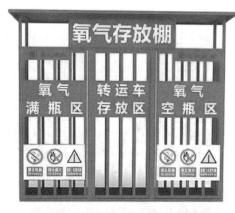

图 10-16 易燃易爆物品保存

6. 样板区

为提高在建项目标准化规范化管理水平，施工单位根据建设项目施工要求，将所采用的材料及其质量、施工工艺、施工流程及施工质量标准等通过实物的方式进行展示交底，样板区展示是一种较为有效的施工管理方法，可使工程项目施工质量的目标和验收标准清晰明了，如图 10-17、图 10-18 所示。

图 10-17 部分质量工法样板区展示

图 10-18 部分安全样板展示区

任务 10.3　办公区文明施工与绿色施工要求

1. 施工现场办公区与施工作业区严格分开不能混用，并设有隔离和安全防护措施，防止事故发生；办公区应设置办公用房、停车场、宣传栏、密闭式垃圾容器等设施。

2. 施工现场办公用房室内净高不应低于 2.5m，普通办公室每人使用面积不应小于 4m²，会议室使用面积不宜小于 30m²；办公室、会议室应有天然采光和自然通风，窗地面积比不应小于 1/7，通风开口有效面积不应小于房间地板面积的 1/20。

3. 施工现场各个职能部门的办公室内做到窗明地净，办公物品摆放整洁有序，各项管理制度齐全，并在墙面悬挂：岗位责任制、管理目标、施工现场平面布置图、网络计划图、工程质量安全生产保证体系、工作量逐月完成进度表、工程施工天气晴雨表、卫生制度及值班表。

4. 施工现场办公应利用信息化管理，减少办公用品的使用及消耗。

5. 办公用房的防火设计应符合以下标准：

（1）办公区用房的燃烧性能等级应为 A 级。当采用金属夹芯板材时其芯材的燃烧性能等级应为 A 级。

（2）建筑层数不应超过 3 层，每层建筑面积不应大于 300m²。

（3）办公区用房疏散楼梯、疏散走道、建筑面积应符合规定。办公区的通道、楼梯处应设置应急疏散、逃生指示标识和应急照明灯。

6. 办公区应设专职或兼职保洁员，并应采取灭鼠、灭蚊蝇、灭蟑螂等措施；办公区应保持干净、整洁；垃圾应分类，专人转运。

7. 保卫及仓库管理员值班宿舍保证内外粉底刷白、室内宽敞明亮、通风、采光照明良好，地面硬化，门窗完好，每间宿舍的门向外开。

8. 办公用房采用临时活动房（板房）时，应选用安全、美观的高标准设计或标准化图集；临建设施进场安装前，应进行维护保养、除锈、涂装，确保外观整洁；临建设施端头需设置安全警示标识牌和安全宣传标语，周围地面需硬化，如图 10-19、图 10-20 所示。

9. 临时设施应采取分级管理，具体要求如下：

（1）建筑面积≥50 万 m² 或造价≥10 亿元或工期≥4 年的项目，办公区域应设置停车场、运动场等区域，打造良好绿化环境，办公房应采用箱式板房、设置玻璃幕墙；生活区域应打造良好绿化环境，生活用房应采用箱式板房或普通板房，外观简洁大方。

（2）建筑面积≥15 万 m² 或造价≥3 亿元或工期≥2 年的项目，办公区域应打造良好绿化环境，办公房可采用普通板房，外观简洁大方。

（3）建筑面积<15 万 m² 或造价<3 亿元或工期<2 年的项目，办公区域应规划合理、整洁美观；办公房可采用普通板房，外观简洁大方。

图 10-19　施工现场办公区设置

图 10-20　施工现场办公区安全指示标识

任务 10.4　生活区文明施工与绿色施工要求

1. 生活区空间布局

（1）施工现场应设置宿舍、食堂、厕所、盥洗设施、淋浴房、开水间、医务室、文体活动室等临时设施。临时用房内设置的食堂等设在首层；尚未竣工的建筑物内严禁设置宿舍。

（2）生活区应设置应急疏散、逃生指示标识和应急照明灯；文体活动室应配备文体活动设施和用品；宿舍内宜设置烟感报警装置。

（3）施工现场应设置满足施工人员使用的盥洗设施；盥洗设施的下水管口应设置过滤网，并应与市政污水管线连接，排水应通畅。

（4）生活区应设置开水炉、电热水器或保温水桶，施工区应配备流动保温水桶。开水炉、电热水器、保温水桶应上锁由专人负责管理。

（5）未经施工总承包单位批准，施工现场和生活区不得使用电热器具。

2. 宿舍

（1）宿舍内应有防暑降温措施。宿舍应设置生活用品专柜、鞋柜或鞋架、垃圾桶等生活设施；生活区应提供晾晒衣物的场所和晾衣架。

（2）宿舍照明电源宜选用安全电压，采用强电照明的宜使用限流器；生活区宜单独设置手机充电柜或充电房间。

（3）宿舍内应保证必要的生活空间，室内净高不得小于 2.5m，通道宽度不得小于 0.9m，住宿人员人均面积不得小于 2.5m²，每间宿舍居住人员不得超过 16 人（部分地区不超过 8 人）；宿舍应有专人负责管理，床头宜设置姓名卡。

（4）施工现场生活区宿舍、休息室必须设可开启式外窗，床铺不应超过 2 层，不得使用通铺。

（5）宿舍应设置可开启外窗，房间的通风开口有效面积不应小于该房间地板面积的 1/20，如图 10-21 所示。

图 10-21　施工现场生活区宿舍

3. 厨房

（1）食堂与厕所、垃圾站等污染源的地方的距离不宜小于 15m，且不应设在污染源的下风侧。

（2）食堂宜采用单层结构，屋面严禁采用石棉瓦搭盖，顶棚宜采用吊顶；食堂应设置隔油池，并应定期清理。

中毒事故的预防及其应急预案

（3）食堂应设置独立的制作间、储藏间和燃气罐存放间，门扇下方应设不低于 0.2m 的防鼠挡板；制作间灶台及其周边应采取易清洁、耐擦洗措施，墙面处理高度应大于 1.5m，地面应做硬化和防滑处理，并应保持墙面、地面整洁。

（4）食堂应配备必要的排风和冷藏设施，宜设置通风天窗和油烟净化装置，油烟净化装置应定期清洗。

（5）食堂宜使用电炊具。使用燃气的食堂，燃气罐应单独设置存放间并应加装燃气报警装置，存放间应通风良好并严禁存放其他物品；供气单位资质应齐全，气源应有可追溯性。

（6）食堂制作间的炊具宜存放在封闭的橱柜内，刀、盆、案板等炊具应生熟分开。

（7）食堂制作间、锅炉房、可燃材料库房及易燃易爆危险品库房等应采用单层建筑，应与宿舍和办公用房分别设置，并应按相关规定保持安全距离。

（8）食堂应取得相关部门颁发的许可证，并应悬挂在制作间醒目位置。炊事人员必须经体检合格并持证上岗。

（9）炊事人员上岗应穿戴洁净的工作服、工作帽和口罩，并应保持个人卫生。非炊事人员不得随意进入食堂制作间；食堂的炊具餐具和公用饮水器具应及时清洗定期消毒。

（10）施工现场应加强食品、原料的进货管理，建立食品、原料采购台账，保存原始采购单据；严禁购买无照无证商贩的食品和原料；食堂应按许可范围经营，严禁制售易导致食物中毒食品和变质食品。

（11）生熟食品应分开加工和保管，存放成品或半成品的器皿应有耐冲洗的生熟标识；成品或半成品应遮盖，遮盖物品应有正反面标识；各种佐料和副食应存放在密闭器皿内，并应有标识。

（12）存放食品原料的储藏间或库房应有通风、防潮、防虫、防鼠等措施，库房不得兼作他用。粮食存放台距墙和地面应大于 0.2m。

4. 厕所、浴室

（1）施工现场应设置自动水冲式或移动式厕所，门窗应齐全并通风良好；厕位宜设置门及隔板，宽度不应小于 0.9m。

（2）厕所面积应根据施工人员数量设置，临时厕所的蹲位设置应满足男厕每 50 人、女厕每 25 人设 1 个蹲便器，男厕每 50 人设 1m 长小便槽的要求。

（3）施工现场应设置满足人员使用的盥洗池和龙头；盥洗池水嘴与员工的比例为 1∶20，水嘴间距不小于 700mm。

（4）临时厕所应设专人负责，定期清扫、消毒，化粪池应及时清掏。

（5）生活区应设置化粪池，确保生活污水经沉淀后排入城市污水管网；临时厕所的化粪池应进行防渗漏处理；化粪池应定期进行清掏，并按照环境卫生有关规定要求进行收集转运；化粪池容量应与清运频率适应，确保生活污水不外溢。

（6）淋浴间内应设置满足需要的淋浴喷头，淋浴器与员工的比例为1：30，淋浴器间距不小于1100mm；淋浴间应设置储衣柜或挂衣架。

（7）厕所、盥洗室、淋浴间的地面应硬化处理，如图10-22所示。

图10-22　施工现场生活区卫生淋浴设施

5. 环境保护

（1）施工现场生产生活用水用电等资源能源的消耗应实行计量管理。施工现场应采用节水器具，并应设置节水标识。

（2）施工现场宜设置废水回收、循环再利用设施，宜对雨水进行收集利用。

（3）施工现场应设置排水沟及沉淀池，施工污水应经沉淀处理达到排放标准后，方可排入市政污水管网。

（4）生活区应设置封闭式垃圾容器。生活垃圾应分类存放，并应及时清运、消纳。

（5）施工现场宜采用集中供暖，使用炉火取暖时应采取防止一氧化碳中毒的措施。彩钢板活动房严禁使用炉火或明火取暖。

案例分析

某建筑工地扬尘排放不符合扬尘控制标准

1. 事故的经过

某建筑工地是一处改扩建建筑工地，2022年12月底，当地生态环境局执法大队接到区环境监测站出具的《××市扬尘在线监测超标数据审核报告》，报告内容显示该建筑工地在12月21日13:15—14:15时间段内扬尘超标5次，其中超过1.0mg/m³ 2次，超过2.0mg/m³ 3次。执法人员在当日立即赶赴现场对该建筑工地进行现场检查，查明该工地总包单位是某建筑行业有限公司，从事房屋建设工程施工，正处于桩基施工阶段，现场正在进行回填土施工，同时进行钢板硬化道路施工，未采取有效措施控制扬尘造成超标。执法人员在现场核实该工地设有扬尘在线监测设备1台，位于该工地东侧并正常运行，数据采集传输无异常。该建筑工地的总包单位存在扬尘排放不符合扬尘控制标准的违法行为。

2. 事故直接原因

通过当事人自查，本次扬尘超标的直接原因主要是由于场地内进行钢板硬化道路施工，施工中操作方式粗放，钢板落地造成明显扬尘并且持续时间较长，执法人员也通过调阅监控录像核实了上述情况。

3. 事故间接原因

管理不善，环保意识淡薄。施工单位现场管理人员在施工作业期间生病休病假，分包单位在管理人员缺位的情况下擅自施工，生态环境保护和文明施工意识薄弱。

4. 事故处理结果

总包单位负责的该处建筑工地扬尘排放不符合扬尘控制标准，该行为违反了《××市环境保护条例》相关规定，并根据《××市扬尘在线监测数据执法应用规定》有关规定，依据《××市环境保护条例》第八十条规定，结合《××市生态环境行政处罚裁量基准规定》等文件要求，对该公司作出责令立即改正违法行为，处罚款人民币 2.5 万元整的行政决定。

思　考　题

1. 调查一下附近的建筑施工现场是否具备"七牌二图"，谈谈其设置的目的和意义？
2. "四节一环保"主要是指什么？
3. 施工现场扬尘控制的主要方式有哪些？
4. 施工现场噪声控制的主要方式有哪些？
5. 施工现场建筑垃圾控制的主要方式有哪些？
6. 施工现场光污染控制的主要方式有哪些？
7. 施工现场生活区污水的处理方式主要有哪些？

学　习　鉴　定

一、填空题

1. 文明施工检查评定包括_____和_____两类。
2. 采用现场搅拌混凝土或砂浆的场所应采取_____、_____、_____措施。
3. 施工现场周转材料宜选择_____、_____等可回收再利用产品。
4. 临时用房内设置的_____、_____、_____应设在首层。
5. 生活垃圾应_____存放，并应及时清运、消纳。

二、判断题

1. 施工总承包单位承担文明施工首要责任。　　　　　　　　　　　　　（　　）
2. 施工围挡应张贴商业广告减少施工单位的经费支出。　　　　　　　（　　）
3. 施工单位应当在施工现场显著位置公告危大工程名称、施工时间和具体责任人员，并在危险区域设置安全警示标志。　　　　　　　　　　　　　　　　　（　　）
4. 污水需排入市政管网的，建设单位应首先申领排水许可证。　　　　（　　）
5. 拆除建筑物或构筑物时，应采用隔离、洒水等降噪、降尘措施。　　（　　）

6. 施工现场宜设置封闭式建筑垃圾站。 （　　）

7. 电气焊等作业宜采取防光污染和防火等措施。 （　　）

8. 施工现场应合理安排材料进场计划，减少二次搬运。 （　　）

9. 施工现场办公应利用信息化管理，减少办公用品的使用及消耗。 （　　）

10. 食堂应取得相关部门颁发的许可证，并应悬挂在制作间醒目位置。 （　　）

参考文献

［1］ 住房和城乡建设部. 建筑拆除工程安全技术规范：JGJ 147—2016［S］. 北京：中国建筑工业出版社，2016.

［2］ 住房和城乡建设部. 建筑施工高处作业安全技术规范：JGJ 80—2016［S］. 北京：中国建筑工业出版社，2016.

［3］ 住房和城乡建设部. 建筑施工脚手架安全技术统一标准：GB 51210—2016［S］. 北京：中国建筑工业出版社，2016.

［4］ 住房和城乡建设部. 建筑深基坑工程施工安全技术规范：JGJ 311—2013［S］. 北京：中国建筑工业出版社，2013.

［5］ 住房和城乡建设部. 施工企业安全生产评价标准：JGJ/T 77—2010［S］. 北京：中国建筑工业出版社，2010.

［6］ 全国中级注册安全工程师执业资格考试用书编写组. 安全生产管理［M］. 哈尔滨：哈尔滨工业大学出版社，2018.

［7］ 黄春蕾，李月娟. 建筑施工安全管理［M］. 北京：科学技术文献出版社，2019.

［8］ 李林，郝会娟. 建筑工程安全技术与管理［M］. 3版. 北京：机械工业出版社，2021.

［9］ 陈海军. 建筑工程安全管理［M］. 北京：清华大学出版社，2022.

［10］ 重庆市住房和城乡建设委员会. 建设工程施工现场围挡标准图集［M］. 重庆：重庆市设计院，2020.

［11］ 住房和城乡建设部. 房屋市政工程现场施工安全画册［M］. 2022.